"연산 문제는 잘 푸는데 문장제만 보면 머리가 멍해져요."

"문제를 어떻게 풀어야 할지 모르겠어요."

"문제에서 무엇을 구해야 할지 이해하기가 힘들어요."

연산 문제는 척척 풀 수 있는데
문장제를 보면 문제를 풀기도 전에
어렵게 느껴지나요?

하지만 연산 문제도 처음부터 쉬웠던 것은 아닐 거예요.
반복 학습을 통해 계산법을 익히면서 잘 풀게 된 것이죠.
문장제를 학습할 때에도 마찬가지입니다.
단순하게 연산만 적용하는 문제부터 점점 난이도를 높여 가며,
문제를 이해하고 풀이 과정을 반복하여 연습하다 보면
문장제에 대한 두려움은 사라지고
아무리 복잡한 문장제라도 척척 풀어낼 수 있을 거예요.
『하루 한장 쏙셈＋』는
가장 단순한 문장제부터 한 단계 높은 응용 문제까지
알차게 구성하였어요.

자, 우리 함께 시작해 볼까요?

구성과 특징

1일차

● 주제별 개념을 확인합니다.

● 개념을 확인하는 기본 문제를 풀며 실력을 점검합니다.

● 주제별로 가장 단순한 문장제를 『문제 이해하기 ➡ 식 세우기 ➡ 답 구하기』 단계를 따라가며 풀어 보면서 문제풀이의 기초를 다집니다.

● 문제는 예제, 유제 형태로 구성되어 있어 반복 학습이 가능합니다.

2일차

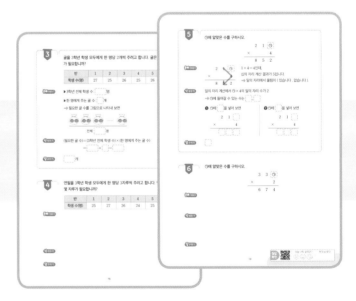

● 1일차 학습 내용을 다시 한 번 확인합니다.

● 주제별 1일차보다 난이도 있는 다양한 유형의 문제를 예제, 유제 형태로 구성하였습니다.

● 교과서에서 다루고 있는 문제 중에서 교과 역량을 키울 수 있는 문제를 선별하여 수록하였습니다.

● 창의력을 키우는 수학 놀이터로 하루 학습을 마무리합니다.

● 학습에 대한 부담은 줄이고, 수학에 대한 흥미, 자신감을 최대로 끌어올릴 수 있습니다.

쏙셈+는
주제별로 2일 학습으로 구성되어 있습니다.

1일차 학습을 통해 **기본 개념**을 다지고,

2일차 학습을 통해 **문장제 적용 훈련**을 할 수 있습니다.

단원의 마무리 학습

● 창의력을 키우는 수학 놀이터로 하루 학습을 마무리합니다.

● 학습에 대한 부담은 줄이고, 수학에 대한 흥미, 자신감을 최대로 끌어올릴 수 있습니다.

● 단원에서 배웠던 내용을 되짚어 보며 실력을 점검합니다.

● 수학적으로 생각하는 힘을 키울 수 있는 문제를 수록하였습니다.

차례

곱셈

나눗셈

🌸 분수

🌸 들이와 무게

『하루 한장 쏙셈 ➕』
이렇게 활용해요!

📖 교과서와 연계 학습을!

교과서에 따른 모든 영역별 연산 부분에서 다양한 유형의 문장제를 만날 수 있습니다.
『하루 한장 쏙셈 ➕』는 학기별 교과서와 연계되어 있으므로 방학 중 선행 학습 교재나
학기 중 진도 교재로 사용할 수 있습니다.

📖 실력이 쑥쑥!

수학의 기본이 되는 연산 학습을 체계적으로 학습했다면, 문장으로 된 문제를 이해하
고 어떻게 풀어야 하는지 수학적으로 사고하는 힘을 길러야 합니다.
『하루 한장 쏙셈 ➕』로 문제를 이해하고 그에 맞게 식을 세워서 풀이하는 과정을 반복
함으로써 문제 푸는 실력을 키울 수 있습니다.

📖 문장제를 집중적으로!

문장제는 연산을 적용하는 가장 단순한 문제부터 난이도를 점점 높여 가며 문제 푸는
과정을 반복하는 학습이 필요합니다. 『하루 한장 쏙셈 ➕』로 문장제를 해결하는 과정
을 집중적으로 훈련하면 특정 문제에 대한 풀이가 아닌 어떤 문제를 만나도 스스로
해결 방법을 생각해 낼 수 있는 힘을 기를 수 있습니다.

곱셈

📖 이것을 배울 거예요!

❈ (세 자리 수)×(한 자리 수)
❈ (한 자리 수)×(두 자리 수)
❈ (두 자리 수)×(두 자리 수)

학습 계획 세우기

공부할 내용에 대한 계획을 세우고,
학습해 보아요!

		학습 계획일	
1주 1일	올림이 없는 (세 자리 수)×(한 자리 수)	월	일
1주 2일	일의 자리에서 올림이 있는 (세 자리 수)×(한 자리 수) ❶	월	일
1주 3일	일의 자리에서 올림이 있는 (세 자리 수)×(한 자리 수) ❷	월	일
1주 4일	십의 자리, 백의 자리에서 올림이 있는 (세 자리 수)×(한 자리 수) ❶	월	일
1주 5일	십의 자리, 백의 자리에서 올림이 있는 (세 자리 수)×(한 자리 수) ❷	월	일
2주 1일	(몇십)×(몇십), (몇십몇)×(몇십) ❶	월	일
2주 2일	(몇십)×(몇십), (몇십몇)×(몇십) ❷	월	일
2주 3일	(몇)×(몇십몇) ❶	월	일
2주 4일	(몇)×(몇십몇) ❷	월	일
2주 5일	올림이 한 번 있는 (몇십몇)×(몇십몇) ❶	월	일
3주 1일	올림이 한 번 있는 (몇십몇)×(몇십몇) ❷	월	일
3주 2일	올림이 여러 번 있는 (몇십몇)×(몇십몇) ❶	월	일
3주 3일	올림이 여러 번 있는 (몇십몇)×(몇십몇) ❷	월	일
3주 4일	단원 마무리	월	일

1주 / 1일

곱셈

올림이 없는
(세 자리 수) × (한 자리 수)

공부한 날

월

일

324×2를 계산할 때에는 4×2=8에서 8을 일의 자리에, 2×2=4에서 4를 십의 자리에, 3×2=6에서 6을 백의 자리에 각각 씁니다.

	3	2	4
×			2
	6	4	8

실력 확인하기

계산을 하시오.

1

	1	1	3
×			3

2

	2	1	4
×			2

3

	1	4	3
×			2

4

	3	1	2
×			3

5 112×4

6 243×2

7 331×3

8 412×2

1 방울토마토가 한 상자에 132개씩 들어 있습니다. 3상자에는 방울토마토가 모두 몇 개 들어 있습니까?

문제 이해하기

▶ 한 상자에 들어 있는 방울토마토 수: ☐ 개

▶ 방울토마토가 들어 있는 상자 수: ☐ 상자

➡ 전체 방울토마토 수를 수 모형으로 나타내 보면

$100 \times 3 =$ ☐

$30 \times 3 =$ ☐

$2 \times 3 =$ ☐

$132 \times 3 =$ ☐

식 세우기

(전체 방울토마토 수) = (한 상자에 들어 있는 방울토마토 수) × (상자 수)

= ☐ × ☐ = ☐

답 구하기 ☐ 개

---

2 구슬이 한 상자에 213개씩 들어 있습니다. 2상자에는 구슬이 모두 몇 개 들어 있습니까?

문제 이해하기 ▶ 한 상자에 들어 있는 구슬 수:

☐ 개

▶ 구슬이 들어 있는 상자 수: ☐ 상자

식 세우기 (전체 구슬 수)

= (한 상자에 들어 있는 구슬 수)

× (상자 수)

= ☐ × ☐ = ☐

답 구하기 ☐ 개

---

3 책이 책꽂이 한 개에 210권씩 꽂혀 있습니다. 책꽂이 4개에는 책이 모두 몇 권 꽂혀 있습니까?

문제 이해하기 ▶ 책꽂이 한 개에 꽂혀 있는 책 수:

☐ 권

▶ 책꽂이 수: ☐ 개

식 세우기 (전체 책 수)

= (책꽂이 한 개에 꽂혀 있는 책 수)

× (책꽂이 수)

= ☐ × ☐ = ☐

답 구하기 ☐ 권

4

수지네 집에서 학교까지의 거리는 221 m입니다. 수지네 집에서 공원까지의 거리는 학교까지의 거리의 4배입니다. 수지네 집에서 공원까지의 거리는 몇 m입니까?

문제 이해하기

▶ 수지네 집에서 학교까지의 거리: ⬚ m

▶ 수지네 집에서 공원까지의 거리: 집에서 학교까지의 거리의 ⬚ 배

➡ 수지네 집에서 학교와 공원까지의 거리를 수직선에 나타내 보면

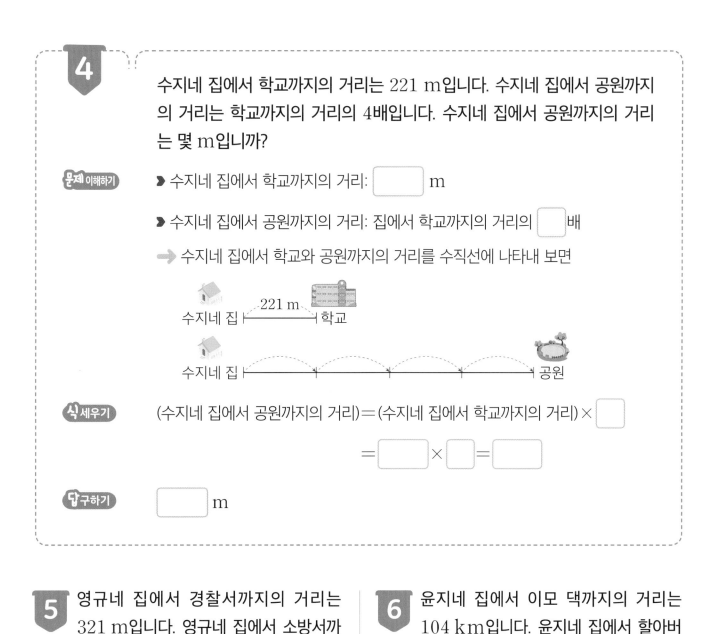

수지네 집 ├──221 m──┤ 학교

수지네 집 ├────┼────┼────┼────┤ 공원

식 세우기

(수지네 집에서 공원까지의 거리)＝(수지네 집에서 학교까지의 거리)×⬚

＝⬚×⬚＝⬚

답 구하기 ⬚ m

---

5 영규네 집에서 경찰서까지의 거리는 321 m입니다. 영규네 집에서 소방서까지의 거리는 경찰서까지의 거리의 3배입니다. 영규네 집에서 소방서까지의 거리는 몇 m입니까?

문제 이해하기 ▶ 영규네 집에서 경찰서까지의 거리:

⬚ m

▶ 영규네 집에서 소방서까지의 거리:

집에서 경찰서까지의 거리의 ⬚ 배

식 세우기 (영규네 집에서 소방서까지의 거리)

＝(집에서 경찰서까지의 거리)×⬚

＝⬚×⬚＝⬚

답 구하기 ⬚ m

---

6 윤지네 집에서 이모 댁까지의 거리는 104 km입니다. 윤지네 집에서 할아버지 댁까지의 거리는 이모 댁까지의 거리의 2배입니다. 윤지네 집에서 할아버지 댁까지의 거리는 몇 km입니까?

문제 이해하기 ▶ 윤지네 집에서 이모 댁까지의 거리:

⬚ km

▶ 윤지네 집에서 할아버지 댁까지의 거리:

집에서 이모 댁까지의 거리의 ⬚ 배

식 세우기 (윤지네 집에서 할아버지 댁까지의 거리)

＝(집에서 이모 댁까지의 거리)×⬚

＝⬚×⬚＝⬚

답 구하기 ⬚ km

정답 확인　오늘 나의 실력은?　부모님 확인

선물 상자 포장하기

하진이가 친구들에게 줄 선물을 상자에 담아 끈으로 묶고 있어요. 하진이가 가지고 있는 끈의 길이는 500 cm이고, 선물 상자 하나를 묶을 때 사용된 끈의 길이는 121 cm입니다. 하진이에게 남은 끈의 길이는 몇 cm인지 빈칸에 알맞은 수를 쓰세요.

3상자를 묶을 때 사용한 끈의 길이는 [   ] cm야. 그러니까 남은 끈의 길이는 [   ] cm야.

곱셈

일의 자리에서 올림이 있는 (세 자리 수) × (한 자리 수) ❶

214×3을 계산할 때에는

❶ 일의 자리, 십의 자리, 백의 자리의 순서로 곱을 구합니다.

❷ 일의 자리의 곱이 10이거나 10보다 크면 십의 자리에 올림한 수를 작게 쓰고, **십의 자리의 곱에 더합니다.**

$$
\begin{array}{ccc}
 & & 1 \\
2 & 1 & 4 \\
\times & & 3 \\
\hline
6 & 4 & 2 \\
\end{array}
$$

실력 확인하기

계산을 하시오.

1
$$
\begin{array}{ccc}
1 & 3 & 8 \\
\times & & 2 \\
\hline
\end{array}
$$

2
$$
\begin{array}{ccc}
2 & 2 & 3 \\
\times & & 4 \\
\hline
\end{array}
$$

3
$$
\begin{array}{ccc}
1 & 0 & 7 \\
\times & & 5 \\
\hline
\end{array}
$$

4
$$
\begin{array}{ccc}
3 & 4 & 5 \\
\times & & 2 \\
\hline
\end{array}
$$

5 119×3

6 205×4

7 318×3

8 427×2

1

곰 인형을 하루에 218개씩 만드는 공장이 있습니다. 이 공장에서 2일 동안 만들 수 있는 곰 인형은 모두 몇 개입니까?

문제 이해하기 ▶ 하루에 만드는 곰 인형 수: ☐개

▶ 곰 인형을 만드는 날수: ☐일

➡ 2일 동안 만드는 곰 인형 수를 수 모형으로 나타내 보면

$200 \times 2 =$ ☐

$10 \times 2 =$ ☐

$8 \times 2 =$ ☐

$218 \times 2 =$ ☐

식 세우기 (2일 동안 만들 수 있는 곰 인형 수) = (하루에 만드는 곰 인형 수) × (날수)

$=$ ☐ $\times$ ☐ $=$ ☐

답 구하기 ☐개

---

2 마카롱을 하루에 116개씩 만드는 제과점이 있습니다. 이 제과점에서 5일 동안 만들 수 있는 마카롱은 모두 몇 개입니까?

문제 이해하기 ▶ 하루에 만드는 마카롱 수: ☐개

▶ 마카롱을 만드는 날수: ☐일

식 세우기 (5일 동안 만들 수 있는 마카롱 수)

= (하루에 만드는 마카롱 수) × (날수)

$=$ ☐ $\times$ ☐ $=$ ☐

답 구하기 ☐개

---

3 주현이는 소설책을 일주일에 305쪽씩 읽으려고 합니다. 3주 동안 읽을 수 있는 소설책은 모두 몇 쪽입니까?

문제 이해하기 ▶ 일주일에 읽을 소설책 쪽수: ☐쪽

▶ 소설책을 읽을 기간: ☐주

식 세우기 (3주 동안 읽을 소설책 쪽수)

= (일주일에 읽을 소설책 쪽수) × ☐

$=$ ☐ $\times$ ☐ $=$ ☐

답 구하기 ☐쪽

4 모든 변의 길이가 같은 삼각형이 있습니다. 이 삼각형의 한 변의 길이가 114 cm일 때, 세 변의 길이의 합은 몇 cm입니까?

문제 이해하기
- ▶ 세 변의 길이가 모두 같습니다.
- ▶ 삼각형의 한 변의 길이: ☐ cm
- ➡ 삼각형의 세 변을 겹치지 않게 이어 붙인 것을 수직선에 나타내 보면

삼각형의 한 변
114 cm

식 세우기
(삼각형의 세 변의 길이의 합)=(한 변의 길이)× ☐

= ☐ × ☐ = ☐

답 구하기 ☐ cm

---

5 모든 변의 길이가 같은 육각형이 있습니다. 이 육각형의 한 변의 길이가 105 cm일 때, 여섯 변의 길이의 합은 몇 cm입니까?

문제 이해하기
- ▶ 여섯 변의 길이가 모두 같습니다.
- ▶ 육각형의 한 변의 길이: ☐ cm

식 세우기
(육각형의 여섯 변의 길이의 합)

=(한 변의 길이)× ☐

= ☐ × ☐ = ☐

답 구하기 ☐ cm

---

6 민주는 철사로 한 변의 길이가 217 cm인 정사각형을 만들려고 합니다. 필요한 철사의 길이는 몇 cm입니까?

문제 이해하기
- ▶ 정사각형의 네 변의 길이는 모두 (같습니다 , 다릅니다).
- ▶ 정사각형의 한 변의 길이:
  ☐ cm

식 세우기
(정사각형의 네 변의 길이의 합)

=(한 변의 길이)× ☐

= ☐ × ☐ = ☐

답 구하기 ☐ cm

총 꽃의 개수는?

오늘은 증조할머니의 백여덟 번째 생신이에요. 꽃을 좋아하는 할머니를 위해 소연, 하연, 미연은 각각 꽃바구니를 준비했어요. 각 꽃바구니에는 할머니의 나이만큼의 꽃이 담겨 있어요. 세 사람이 준비한 꽃은 모두 몇 송이인지 빈칸에 써 보세요.

소연　　　　하연　　　　미연

소연, 하연, 미연이가 준비한 꽃은

모두 [　　　] 송이야.

주 /3일

공부한 날

월

일

곱셈

일의 자리에서 올림이 있는 (세 자리 수) × (한 자리 수) ❷

1

설명하는 수를 4배 한 수는 얼마입니까?

100이 1개, 10이 1개, 1이 6개인 수

문제 이해하기 설명하는 수를 나타내 보면

100이 1개 → ☐

10이 1개 → ☐

1이 6개 → ☐

────────

☐

식 세우기 설명하는 수를 4배 한 수는

☐ × 4 = ☐

답 구하기 ☐

2

설명하는 수를 2배 한 수는 얼마입니까?

100이 2개, 10이 2개, 1이 8개인 수

문제 이해하기

식 세우기

답 구하기

3 귤을 3학년 학생 모두에게 한 명당 2개씩 주려고 합니다. 귤은 모두 몇 개가 필요합니까?

반	1	2	3	4	5	합계
학생 수(명)	27	25	26	25	26	129

문제 이해하기

➤ 3학년 전체 학생 수: ☐ 명

➤ 한 명에게 주는 귤 수: ☐ 개

➡ 필요한 귤 수를 그림으로 나타내 보면

전체 ☐ 명

식 세우기

(필요한 귤 수)＝(3학년 전체 학생 수)×(한 명에게 주는 귤 수)

= ☐ × ☐ = ☐

답 구하기   ☐ 개

---

4 연필을 3학년 학생 모두에게 한 명당 3자루씩 주려고 합니다. 연필은 모두 몇 자루가 필요합니까?

반	1	2	3	4	5	합계
학생 수(명)	25	27	26	24	25	127

문제 이해하기

식 세우기

답 구하기

5

⊙에 알맞은 수를 구하시오.

```
        2   1  ⊙
    ×          4
    ─────────────
        8   5   2
```

문제 이해하기

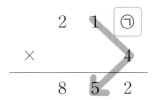

1×4＝4인데,
십의 자리 계산 결과가 5입니다.
➡ 일의 자리에서 올림이 (있습니다 , 없습니다).

식 세우기

일의 자리 계산에서 ⊙×4의 일의 자리 수가 2

➡ ⊙에 들어갈 수 있는 수는 ☐ , ☐

❶ ⊙에 ☐을 넣어 보면

```
        2   1  ☐
    ×          4
    ─────────────
      ☐  ☐  ☐
```

❷ ⊙에 ☐을 넣어 보면

```
        2   1  ☐
    ×          4
    ─────────────
      ☐  ☐  ☐
```

답 구하기 ☐

6

⊙에 알맞은 수를 구하시오.

```
        3   3  ⊙
    ×          2
    ─────────────
        6   7   4
```

문제 이해하기

식 세우기

답 구하기

미래의 독서 목표

미래의 방에는 늘 재미있는 책이 가득합니다. 요즘 미래가 자주 보는 책은 자연 시리즈와 창의 시리즈예요. 미래는 이번 달에 '1000쪽 독서하기'라는 목표도 세웠답니다. 과연 미래는 목표를 달성했을까요, 못했을까요? 알맞은 것에 ○표 하세요.

곱셈

십의 자리, 백의 자리에서 올림이 있는 (세 자리 수) × (한 자리 수) ❶

132 × 4를 계산할 때에는

❶ 일의 자리, 십의 자리, 백의 자리의 순서로 곱을 구합니다.

❷ 각 자리의 곱이 10이거나 10보다 크면 윗자리에 올림한 수를 작게 쓰고, **윗자리의 곱에 더합니다.**

```
    1
    1  3  2
×          4
─────────────
    5  2  8
```

**실력
확인하기**

계산을 하시오.

1
```
      1  7  2
×           3
```

2
```
      3  8  1
×           2
```

3
```
      5  1  2
×           4
```

4
```
      4  6  1
×           7
```

5 163 × 3

6 231 × 4

7 832 × 2

8 251 × 9

1 승객이 한 번에 182명씩 탈 수 있는 열차가 서울에서 부산까지 하루에 4번 운행됩니다. 매일 열차를 타고 서울에서 부산까지 갈 수 있는 승객은 몇 명입니까?

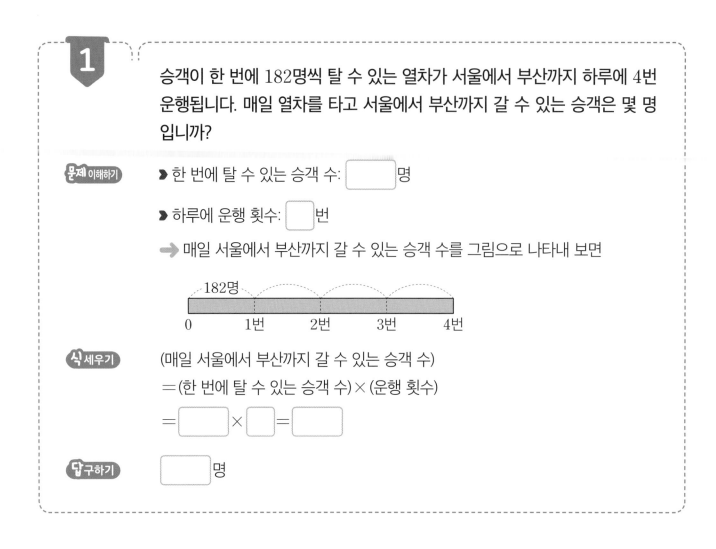

문제 이해하기
➤ 한 번에 탈 수 있는 승객 수: ☐ 명

➤ 하루에 운행 횟수: ☐ 번

➡ 매일 서울에서 부산까지 갈 수 있는 승객 수를 그림으로 나타내 보면

식 세우기
(매일 서울에서 부산까지 갈 수 있는 승객 수)

＝(한 번에 탈 수 있는 승객 수)×(운행 횟수)

＝ ☐ × ☐ ＝ ☐

답 구하기 ☐ 명

---

2 승객이 한 번에 121명씩 탈 수 있는 열차가 대전에서 목포까지 하루에 5번 운행됩니다. 매일 열차를 타고 대전에서 목포까지 갈 수 있는 승객은 몇 명입니까?

문제 이해하기 ➤ 한 번에 탈 수 있는 승객 수: ☐ 명

➤ 하루에 운행 횟수: ☐ 번

식 세우기 (매일 대전에서 목포까지 갈 수 있는 승객 수)

＝(한 번에 탈 수 있는 승객 수)
×(운행 횟수)

＝ ☐ × ☐ ＝ ☐

답 구하기 ☐ 명

---

3 승객이 한 번에 423명씩 탈 수 있는 비행기가 청주에서 제주도까지 하루에 3번 운항됩니다. 매일 비행기를 타고 청주에서 제주도까지 갈 수 있는 승객은 몇 명입니까?

문제 이해하기 ➤ 한 번에 탈 수 있는 승객 수: ☐ 명

➤ 하루에 운항 횟수: ☐ 번

식 세우기 (매일 청주에서 제주도까지 갈 수 있는 승객 수)

＝(한 번에 탈 수 있는 승객 수)
×(운항 횟수)

＝ ☐ × ☐ ＝ ☐

답 구하기 ☐ 명

4

어느 시 지하철의 어린이 요금은 450원입니다. 어린이 5명이 지하철을 타려면 얼마가 필요합니까?

문제 이해하기

▶ 어린이 한 명의 지하철 요금: ☐ 원

▶ 지하철을 타려는 어린이 수: ☐ 명

식 세우기

(어린이 5명의 지하철 요금)＝(어린이 한 명의 지하철 요금)×(어린이 수)

＝ ☐ × ☐ ＝ ☐

답 구하기

☐ 원

---

5 어느 시 버스의 어린이 요금은 350원입니다. 어린이 4명이 버스를 타려면 얼마가 필요합니까?

문제 이해하기
▶ 어린이 한 명의 버스 요금: ☐ 원

▶ 버스를 타려는 어린이 수: ☐ 명

식 세우기
(어린이 4명의 버스 요금)
＝(어린이 한 명의 버스 요금)
×(어린이 수)

＝ ☐ × ☐ ＝ ☐

답 구하기 ☐ 원

---

6 나라마다 사용하는 돈의 가치는 서로 다릅니다. 어느 날 호주의 1달러는 우리나라 돈 843원과 같았습니다. 이날 호주 돈 3달러는 우리나라 돈으로 얼마입니까?

문제 이해하기 ▶ 호주 돈 1달러

＝우리나라 돈 ☐ 원

▶ 호주 돈 3달러: 호주 돈 1달러의 ☐ 배

식 세우기
(호주 돈 3달러와 가치가 같은 우리나라 돈)

＝(호주 돈 1달러)× ☐

＝ ☐ × ☐ ＝ ☐

답 구하기 ☐ 원

필요한 포인트는 얼마일까요?

찬원이와 미나는 붙임 딱지를 잃어버렸어요. 문방구에 가면 붙임 딱지를 낱장으로 살 수 있는데, 붙임 딱지의 모양과 그기에 띠리 포인드가 징해저 있내요. 산원이와 미나가 ㉮, ㉯, ㉰ 도형을 완성하는 데 필요한 포인트를 적어 주세요.

붙임 딱지 판

517
517

㉮
347

㉯
268

㉰
169
169

㉮ 도형을 완성하는 데
필요한 포인트는
▢ 이야.

㉯에서 필요한 포인트는
▢ 이고,
㉰에서 필요한 포인트는
▢ 야.

찬원

미나

곱셈

십의 자리, 백의 자리에서 올림이 있는 (세 자리 수) × (한 자리 수) ❷

1 가장 큰 수와 가장 작은 수의 곱은 얼마인지 구하시오.

| 3 | 128 | 462 | 6 | 337 |

문제 이해하기 수의 크기를 비교해 보면

☐ < ☐ < ☐ < ☐ < ☐

식 세우기 (가장 큰 수) × (가장 작은 수)

= ☐ × ☐ = ☐

답 구하기 ☐

2 가장 큰 수와 가장 작은 수의 곱은 얼마인지 구하시오.

| 375 | 5 | 678 | 753 | 2 |

문제 이해하기

식 세우기

답 구하기

3 1부터 9까지의 수 중에서 □ 안에 들어갈 수 있는 가장 큰 수를 구하시오.

$$181 \times \square < 800$$

문제 이해하기 181은 200에 가깝습니다.

➡ $200 \times \square$가 800에 가깝게 되는 □의 값을 찾아보면 ☐ , ☐

식 세우기 □의 값을 차례대로 넣어 계산해 보면

□ = ☐ 일 때 $181 \times$ ☐ = ☐

□ = ☐ 일 때 $181 \times$ ☐ = ☐

계산 결과가 800보다
작아야 해!

답 구하기 ☐

4 1부터 9까지의 수 중에서 □ 안에 들어갈 수 있는 가장 작은 수를 구하시오.

$$412 \times \square > 1300$$

문제 이해하기

식 세우기

답 구하기

5

수 카드를 한 번씩만 사용하여 곱이 가장 큰 (세 자리 수)×(한 자리 수)의 곱셈식을 만들려고 합니다. 만든 곱셈식의 곱은 얼마인지 구하시오.

| 4 | 0 | 6 | 7 |

문제 이해하기

❶ 수 카드에 적힌 수의 크기를 비교해 보면

☐ < ☐ < ☐ < ☐

❷ 곱이 가장 큰 곱셈식을 만들 때는

세 번 곱해지는 한 자리 수에 가장 큰 수 ☐ 을 쓰고
남은 세 수로 가장 큰 세 자리 수를 만듭니다.

$$\begin{array}{ccc} & \square\ \square\ \square \\ \times & \square \\ \hline \end{array}$$

식 세우기

(남은 세 수로 만든 가장 큰 세 자리 수)×(가장 큰 수)

= ☐ × ☐ = ☐

답 구하기

☐

6

수 카드를 한 번씩만 사용하여 곱이 가장 작은 (세 자리 수)×(한 자리 수)의 곱셈식을 만들려고 합니다. 만든 곱셈식의 곱은 얼마인지 구하시오.

| 8 | 5 | 2 | 3 |

문제 이해하기

식 세우기

답 구하기

사탕 가격은 모두 얼마일까요?

미래가 엄마와 함께 같은 반 친구 32명에게 줄 막대 사탕을 사러 왔어요. 막대 사탕은 낱개로도 팔고 있지만, 다섯 개씩 묶어서 세트로도 팔고 있어요. 미래가 가장 싸게 막대 사탕을 사려면 낱개와 세트를 각각 몇 개씩 사야 할까요? 이때 얼마를 내야 하는지 계산하여 빈칸에 쓰세요.

낱개 판매
1개당 150원

세트 판매(1세트 5개)
1세트 650원

32개를 사려면

세트 ☐ 개와 낱개 ☐ 개를

사면 되겠지?

네. 엄마. 그러면 전부 합쳐서

☐ 원이 필요해요.

곱셈

(몇십) × (몇십), (몇십몇) × (몇십) ❶

▶ 20 × 30을 계산할 때에는

❶ 20 × 3을 먼저 계산한 다음,

❷ 계산한 값에 10을 곱합니다.

➡
```
      2 0
  ×   3 0
  6 0 0
```

▶ 42 × 30을 계산할 때에는

❶ 42 × 3을 먼저 계산한 다음,

❷ 계산한 값에 10을 곱합니다.

➡
```
      4 2
  ×   3 0
1 2 6 0
```

실력 확인하기

계산을 하시오.

1
```
    1 0
×   4 0
```

2
```
    3 0
×   7 0
```

3
```
    3 1
×   2 0
```

4
```
    5 2
×   4 0
```

5 80 × 30

6 40 × 90

7 25 × 30

8 36 × 40

1 초콜릿이 한 상자에 60개씩 들어 있습니다. 20상자에 들어 있는 초콜릿은 모두 몇 개입니까?

문제 이해하기

▶ 한 상자에 들어 있는 초콜릿 수: ⬚ 개

▶ 초콜릿이 들어 있는 상자 수: ⬚ 상자

➡ 20상자에 들어 있는 초콜릿 수를 그림으로 나타내 보면

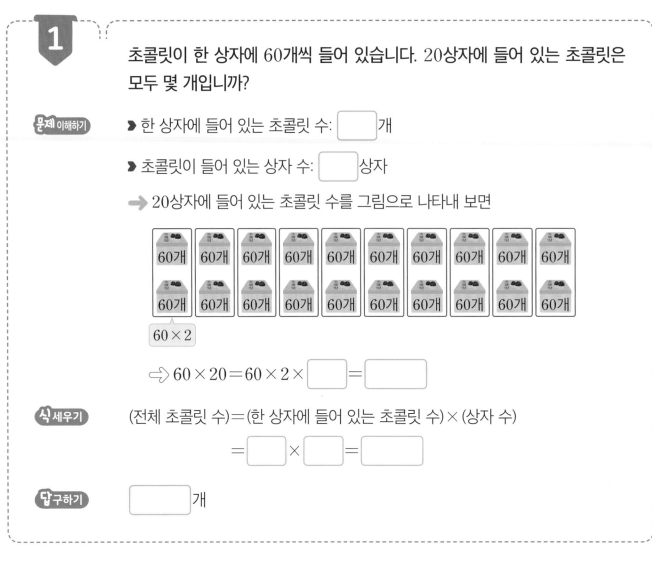

60×2

$\Rightarrow 60 \times 20 = 60 \times 2 \times \boxed{} = \boxed{}$

식 세우기

(전체 초콜릿 수)=(한 상자에 들어 있는 초콜릿 수)×(상자 수)

$= \boxed{} \times \boxed{} = \boxed{}$

답 구하기 ⬚ 개

---

2 지우개가 한 상자에 20개씩 들어 있습니다. 30상자에 들어 있는 지우개는 모두 몇 개입니까?

문제 이해하기

▶ 한 상자에 들어 있는 지우개 수:

⬚ 개

▶ 지우개가 들어 있는 상자 수:

⬚ 상자

식 세우기 (전체 지우개 수)

=(한 상자에 들어 있는 지우개 수)

×(상자 수)

$= \boxed{} \times \boxed{} = \boxed{}$

답 구하기 ⬚ 개

---

3 민우가 50원짜리 동전을 40개 모았습니다. 민우가 모은 돈은 모두 얼마입니까?

문제 이해하기 ▶ 민우가 모은 50원짜리 동전 수:

⬚ 개

식 세우기 (민우가 모은 돈)

$= 50 \times$ (동전 수)

$= 50 \times \boxed{} = \boxed{}$

답 구하기 ⬚ 원

4

땅콩이 한 봉지에 16개씩 들어 있습니다. 40봉지에 들어 있는 땅콩은 모두 몇 개입니까?

문제 이해하기

▶ 한 봉지에 들어 있는 땅콩 수: ☐ 개

▶ 땅콩이 들어 있는 봉지 수: ☐ 봉지

➡ 40봉지에 들어 있는 땅콩 수를 그림으로 나타내 보면

| 땅콩 16개 | 땅콩 16개 | 땅콩 16개 | 땅콩 16개 | 땅콩 16개 | 땅콩 16개 | 땅콩 16개 | 땅콩 16개 | 땅콩 16개 | 땅콩 16개 | ⟵ 16×10 |

(그림: 땅콩 봉지가 10개씩 4줄로 놓여 있음, 각 봉지 "땅콩 16개")

⟹ $16 \times 40 = 16 \times 10 \times$ ☐ $=$ ☐

식 세우기

(전체 땅콩 수) = (한 봉지에 들어 있는 땅콩 수) × (봉지 수)

$=$ ☐ $\times$ ☐ $=$ ☐

답 구하기 ☐ 개

---

5 야구공이 한 상자에 24개씩 들어 있습니다. 20상자에 들어 있는 야구공은 모두 몇 개입니까?

문제 이해하기

▶ 한 상자에 들어 있는 야구공 수: ☐ 개

▶ 야구공이 들어 있는 상자 수: ☐ 상자

식 세우기

(전체 야구공 수)

= (한 상자에 들어 있는 야구공 수)

× (상자 수)

$=$ ☐ $\times$ ☐ $=$ ☐

답 구하기 ☐ 개

---

6 어느 제과점에서는 매일 단팥빵을 85개씩 만든다고 합니다. 이 제과점에서 9월 한 달 동안 만든 단팥빵은 모두 몇 개입니까?

문제 이해하기

▶ 하루에 만드는 단팥빵 수: ☐ 개

▶ 단팥빵을 만드는 날수:

9월 한 달 = ☐ 일

식 세우기

(9월 한 달 동안 만든 단팥빵 수)

= (하루에 만드는 단팥빵 수) × (날수)

$=$ ☐ $\times$ ☐ $=$ ☐

답 구하기 ☐ 개

정답 확인 오늘 나의 실력은? 부모님 확인

칙칙폭폭 곱셈 기차

곱셈 기차 칙칙이와 폭폭이가 힘차게 달리고 있어요. 기차의 마지막 칸의 수가 클수록 목적지에 더 빨리 도착한대요. 곱셈 기차에 숨어 있는 규칙을 찾아 빈칸에 알맞은 수를 써넣고, 먼저 도착하는 기차에 ○표 하세요.

칙칙이

| 4 | 2 | 8 | 5 | 40 | 40 | |

폭폭이

| | 50 | | 5 | | 3 | 2 |

곱셈

(몇십) × (몇십), (몇십몇) × (몇십) ❷

1

유정이와 민서는 39×50을 계산하려고 합니다. 계산하는 과정을 잘못 설명한 사람은 누구입니까?

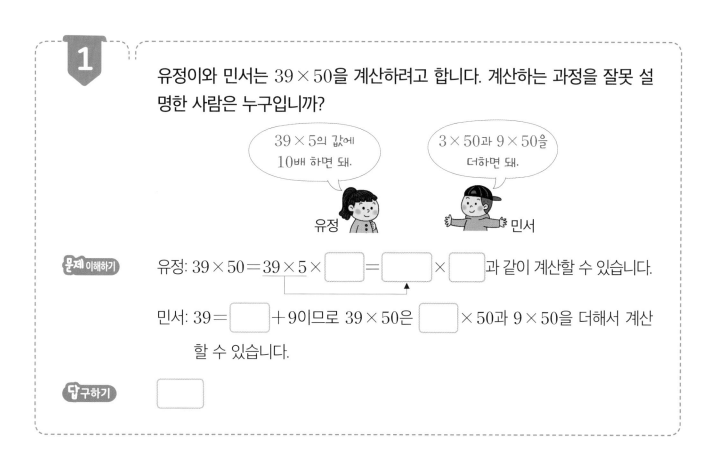

유정: 39×5의 값에 10배 하면 돼.

민서: 3×50과 9×50을 더하면 돼.

유정   민서

문제 이해하기

유정: $39 \times 50 = \underline{39 \times 5} \times \boxed{} = \boxed{} \times \boxed{}$ 과 같이 계산할 수 있습니다.

민서: $39 = \boxed{} + 9$이므로 39×50은 $\boxed{} \times 50$과 9×50을 더해서 계산할 수 있습니다.

답 구하기

$\boxed{}$

2

주희와 찬우는 70×60을 계산하려고 합니다. 계산하는 과정을 잘못 설명한 사람은 누구입니까?

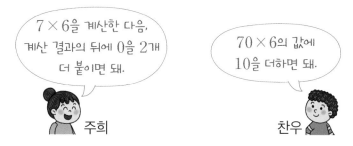

주희: 7×6을 계산한 다음, 계산 결과의 뒤에 0을 2개 더 붙이면 돼.

찬우: 70×6의 값에 10을 더하면 돼.

주희   찬우

문제 이해하기

답 구하기

3 계산 결과가 3000보다 큰 곱셈식에 모두 ○표 하시오.

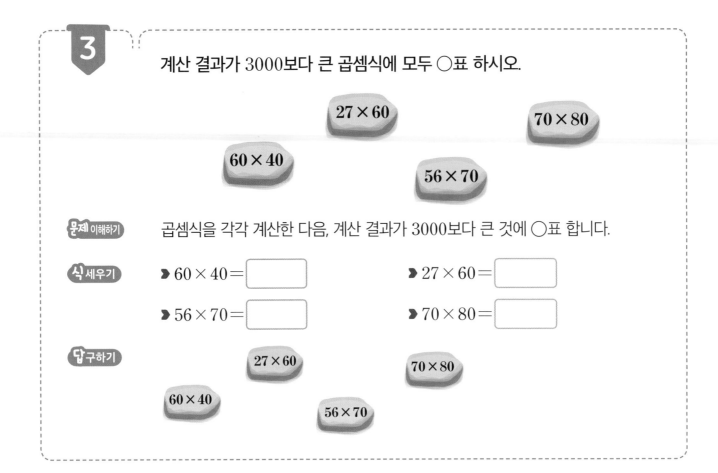

문제 이해하기 곱셈식을 각각 계산한 다음, 계산 결과가 3000보다 큰 것에 ○표 합니다.

식 세우기

➤ $60 \times 40 =$ ☐   ➤ $27 \times 60 =$ ☐

➤ $56 \times 70 =$ ☐   ➤ $70 \times 80 =$ ☐

답 구하기

---

4 계산 결과가 4000보다 작은 곱셈식에 모두 ○표 하시오.

문제 이해하기

식 세우기

답 구하기

5

다음 수 중에서 2개를 골라 계산한 결과가 680인 곱셈식을 만들려고 합니다. ☐ 안에 알맞은 수를 써넣으시오.

| 17 | 27 | 40 |

☐ × ☐ = 680

문제 이해하기

두 수의 곱이 680

➡ 일의 자리의 곱이 0이 되도록 두 수를 고르면

❶ ☐ 과 ☐   ❷ ☐ 과 ☐

식 세우기

고른 두 수를 곱해 보면

❶

×

❷

×

답 구하기

☐ , ☐

6

다음 수 중에서 2개를 골라 계산한 결과가 630인 곱셈식을 만들려고 합니다. ☐ 안에 알맞은 수를 써넣으시오.

| 21 | 31 | 30 |

☐ × ☐ = 630

문제 이해하기

식 세우기

답 구하기

 오늘 나의 실력은?
 부모님 확인

장난감을 만들어요

인형과 로봇을 만드는 장난감 공장이 있어요. 공장에서는 한 시간에 만들 수 있는 양이 정해져 있대요. 공장에서 인형 600개를 만들었다면, 같은 시간 동안 로봇은 모두 몇 개를 만들었을까요? 빈칸을 알맞게 채워 보세요.

한 시간에 28개씩!

한 시간에 12개씩!

인형 600개를 만드는 데

□ 시간이 걸립니다.

같은 시간 동안 로봇은

□ 개 만들 수 있습니다.

곱셈

(몇) × (몇십몇) ❶

7 × 14를 계산할 때에는

❶ 7 × 4 = 28과 7 × 10 = 70을 각각 계산한 다음,

❷ 계산한 두 값을 더합니다.

$$
\begin{array}{r}
 \overset{2}{}\; 7 \\
\times\quad 1\;\; 4 \\
\hline
9\;\; 8
\end{array}
$$

계산을 하시오.

1
$$
\begin{array}{r}
4 \\
\times\quad 1\;\; 2 \\
\hline
\end{array}
$$

2
$$
\begin{array}{r}
3 \\
\times\quad 4\;\; 2 \\
\hline
\end{array}
$$

3
$$
\begin{array}{r}
3 \\
\times\quad 2\;\; 4 \\
\hline
\end{array}
$$

4
$$
\begin{array}{r}
5 \\
\times\quad 3\;\; 6 \\
\hline
\end{array}
$$

5 2 × 23

6 7 × 21

7 5 × 17

8 3 × 65

37

1

운동장에 학생들이 한 줄에 5명씩 22줄로 서 있습니다. 운동장에 줄을 선 학생은 모두 몇 명입니까?

문제 이해하기

➤ 한 줄에 서 있는 학생 수: ☐ 명

➤ 학생들이 서 있는 줄 수: ☐ 줄

➡ 운동장에 줄을 선 학생 수를 모눈종이에 나타내 보면

5

22   20

2

분홍색 모눈: $5 \times 20 =$ ☐ (칸)

살구색 모눈: $5 \times 2 =$ ☐ (칸)

―――――――――――――

전체 모눈: ☐ (칸)

식 세우기

(운동장에 줄을 선 학생 수) = (한 줄에 서 있는 학생 수) × (줄 수)

= ☐ × ☐ = ☐

답 구하기 ☐ 명

2

강당에 의자를 한 줄에 8개씩 13줄로 놓 았습니다. 강당에 놓인 의자는 모두 몇 개 입니까?

문제 이해하기

➤ 한 줄에 놓인 의자 수: ☐ 개

➤ 의자를 놓은 줄 수: ☐ 줄

식 세우기

(강당에 놓인 의자 수)

= (한 줄에 놓인 의자 수) × (줄 수)

= ☐ × ☐ = ☐

답 구하기 ☐ 개

3

진영이는 매일 수학 문제를 9문제씩 풀 었습니다. 진영이가 25일 동안 푼 수학 문제는 모두 몇 문제입니까?

문제 이해하기

➤ 매일 푼 수학 문제 수: ☐ 문제

➤ 수학 문제를 푼 날수: ☐ 일

식 세우기

(25일 동안 푼 수학 문제 수)

= (매일 푼 수학 문제 수) × (날수)

= ☐ × ☐ = ☐

답 구하기 ☐ 문제

4 색칠한 전체 모눈의 수를 곱셈식으로 나타내고, 계산해 보시오.

6

20 ◀ 6×20

4 ◀ 6×4

문제 이해하기 ▶ 분홍색 모눈: 6칸씩 ▢ 줄   ▶ 초록색 모눈: 6칸씩 ▢ 줄

식 세우기

$6 \times ▢ = ▢$

$6 \times ▢ = ▢$

▔▔▔▔▔▔▔▔

▢ = ▢

답 구하기 식: ▢ , 답: ▢

---

5 색칠한 전체 모눈의 수를 곱셈식으로 나타내고, 계산해 보시오.

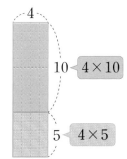

4

10 ◀ 4×10

5 ◀ 4×5

문제 이해하기 ▶ 분홍색 모눈: 4칸씩 ▢ 줄

▶ 초록색 모눈: 4칸씩 ▢ 줄

식 세우기

$4 \times ▢ = ▢$

$4 \times ▢ = ▢$

▔▔▔▔▔▔▔▔

▢ = ▢

답 구하기 식: ▢ , 답: ▢

---

6 색칠한 전체 모눈의 수를 곱셈식으로 나타내고, 계산해 보시오.

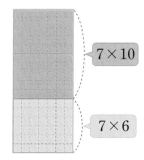

7×10

7×6

문제 이해하기 ▶ 보라색 모눈: ▢칸씩 ▢줄

▶ 노란색 모눈: ▢칸씩 ▢줄

식 세우기

▢ × ▢ = ▢

▢ × ▢ = ▢

▔▔▔▔▔▔▔▔

▢ = ▢

답 구하기 식: ▢ , 답: ▢

재미있는 수학 놀이터

보석은 모두 몇 개일까요?

다섯 난쟁이들이 보석이 가득한 광산을 발견했어요. 난쟁이들은 광산이 알려지기 전에 보석을 많이 캐려고 열심히 일했어요. 다섯 난쟁이들이 어제, 오늘 캔 보석은 총 몇 개인지 계산하여 쓰세요.

어제 캔 보석

오늘 캔 보석

현재의 보석량

[ ] 개

어제는 우리 다섯 명 각자 보석 14개씩을 캤어.

오늘은 다섯 명 각자 19개씩 캤으니까, 오늘 캔 보석이 더 많겠구나.

2주 / 4일 곱셈

(몇)×(몇십몇) ②

1 ㊀에 알맞은 수를 구하시오.

$$
\begin{array}{r}
6 \\
\times \quad ㊀ \ 7 \\
\hline
1 \ 6 \ 2
\end{array}
$$

문제 이해하기

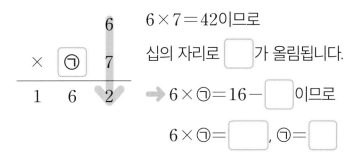

$6 \times 7 = 42$이므로

십의 자리로 ☐ 가 올림됩니다.

➡ $6 \times ㊀ = 16 - $☐ 이므로

$6 \times ㊀ = $☐ , $㊀ = $☐

답 구하기 ☐

2 ㊀에 알맞은 수를 구하시오.

$$
\begin{array}{r}
8 \\
\times \quad ㊀ \ 7 \\
\hline
4 \ 5 \ 6
\end{array}
$$

문제 이해하기

답 구하기

41

3

수 카드 중 2장을 골라 계산 결과가 가장 큰 곱셈식을 만들려고 합니다. ㉠, ㉡에 알맞은 수를 쓰시오.

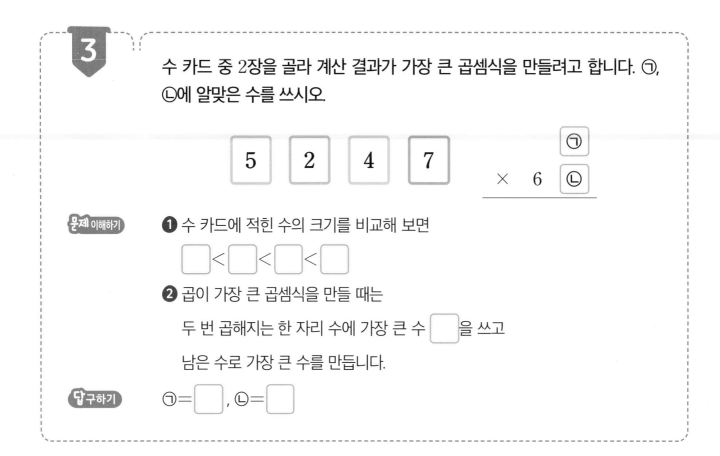

문제 이해하기

❶ 수 카드에 적힌 수의 크기를 비교해 보면

☐ < ☐ < ☐ < ☐

❷ 곱이 가장 큰 곱셈식을 만들 때는

두 번 곱해지는 한 자리 수에 가장 큰 수 ☐ 을 쓰고

남은 수로 가장 큰 수를 만듭니다.

답 구하기 ㉠ = ☐ , ㉡ = ☐

4

수 카드 중 2장을 골라 계산 결과가 가장 큰 곱셈식을 만들려고 합니다. ㉠, ㉡에 알맞은 수를 쓰시오.

| 1 | 9 | 3 | 8 |

× 4 ㉠
㉡

답 구하기

5

어떤 수에 46을 곱해야 할 것을 잘못하여 더했더니 52가 되었습니다. 바르게 계산하면 얼마입니까?

 문제 이해하기

▶ 바른 계산: 어떤 수에 46을 (곱해야 , 더해야) 합니다.

▶ 잘못한 계산: 어떤 수에 46을 (곱했더니 , 더했더니) 52가 되었습니다.

 식 세우기

어떤 수를 □라고 하면

□＋46＝52

➡ □＝☐－☐＝☐

바르게 계산하면

☐×☐＝☐

 답 구하기

☐

6

어떤 수에 97을 곱해야 할 것을 잘못하여 더했더니 102가 되었습니다. 바르게 계산하면 얼마입니까?

 문제 이해하기

식 세우기

답 구하기

즐거운 요리 수업

누리와 서준이는 '어린이 요리 교실'에 다니고 있어요. 누리는 쿠키 만들기를, 서준이는 케이크 만들기를 배우고 있어요. 누리와 서준이는 각각 총 몇 시간씩 수업을 받았는지 계산하여 쓰세요.

쿠키 만들기 교실
9:00 ~ 12:00

케이크 만들기 교실
13:00 ~ 17:00

나는 21일 동안
쿠키 만들기를 배울 거야.

나는 23일 동안
케이크 만들기를 배울 거야.

누리가 쿠키 만들기 수업을 받을 총 시간

☐ 시간

서준이가 케이크 만들기 수업을 받을 총 시간

☐ 시간

곱셈

올림이 한 번 있는
(몇십몇) × (몇십몇) ❶

26 × 13을 계산할 때에는

❶ 26 × 3 = 78과 26 × 10 = 260을 각각 계산한 다음,

❷ 계산한 두 값을 더합니다.

```
      2   6
  ×   1   3
      7   8   ← 26 × 3
  2   6   0   ← 26 × 10
  3   3   8
```

실력 확인하기

계산을 하시오.

1
```
      1   7
  ×   1   5
```

2
```
      3   8
  ×   1   2
```

3
```
      1   2
  ×   5   3
```

4
```
      2   3
  ×   4   1
```

5
```
      2   1
  ×   3   7
```

6
```
      4   2
  ×   2   3
```

1 귤이 한 상자에 25개씩 들어 있습니다. 12상자에 들어 있는 귤은 모두 몇 개입니까?

문제 이해하기

▶ 한 상자에 들어 있는 귤 수: ☐ 개

▶ 귤이 들어 있는 상자 수: ☐ 상자

➡ 전체 귤 수를 수 모형으로 나타내 보면

$25 \times 10 =$ ☐
$25 \times \ 2 =$ ☐
$25 \times 12 =$ ☐

식 세우기

(전체 귤 수)=(한 상자에 들어 있는 귤 수)×(상자 수)

= ☐ × ☐ = ☐

답 구하기 ☐ 개

---

2 야구공이 한 상자에 13개씩 들어 있습니다. 15상자에 들어 있는 야구공은 모두 몇 개입니까?

문제 이해하기
▶ 한 상자에 들어 있는 야구공 수:
☐ 개

▶ 야구공이 들어 있는 상자 수: ☐ 상자

식 세우기
(전체 야구공 수)
＝(한 상자에 들어 있는 야구공 수)
× (상자 수)

= ☐ × ☐ = ☐

답 구하기 ☐ 개

---

3 구슬이 한 봉지에 36개씩 들어 있습니다. 21봉지에 들어 있는 구슬은 모두 몇 개입니까?

문제 이해하기
▶ 한 봉지에 들어 있는 구슬 수: ☐ 개

▶ 구슬이 들어 있는 봉지 수: ☐ 봉지

식 세우기
(전체 구슬 수)
＝(한 봉지에 들어 있는 구슬 수)
× (봉지 수)

= ☐ × ☐ = ☐

답 구하기 ☐ 개

곱셈

올림이 한 번 있는
(몇십몇) × (몇십몇) ❷

공부한 날
월
일

1

모눈종이를 이용하여 16×14를 나타내고, 그 곱을 구하시오.

문제 이해하기

16칸씩 ☐ 줄을 색칠하면 색칠한 모눈은 모두 ☐ 칸입니다.

➡ $16 \times 14 =$ ☐

답 구하기 ☐

2

모눈종이를 이용하여 28×13을 나타내고, 그 곱을 구하시오.

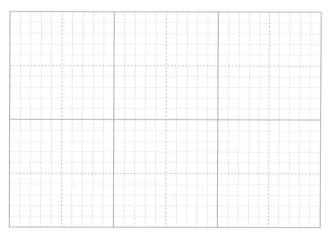

문제 이해하기

답 구하기

지훈이네 학교에서 전교생에게 음료수를 한 개씩 나누어 주려고 합니다. 각 학년의 학급 수는 다음과 같고, 각 반의 학생 수는 21명씩입니다. 음료수를 모두 몇 개 준비해야 합니까?

학년	1	2	3	4	5	6	합계
학급 수(반)	6	5	7	5	6	6	35

문제 이해하기

▶ 학급별 학생 수: ☐ 명   ▶ 전체 학급 수: ☐ 반

➡ 지훈이네 학교 전체 학생 수를 그림으로 나타내 보면

전체 ☐ 반

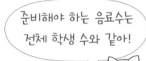
준비해야 하는 음료수는 전체 학생 수와 같아!

식 세우기

(준비해야 하는 음료수 수)＝(학급별 학생 수)×(전체 학급 수)

＝ ☐ × ☐ ＝ ☐

답 구하기

☐ 개

희수네 학교에서 교내 글짓기 대회에 참가한 학생들에게 연필을 한 자루씩 나누어 주려고 합니다. 각 학년의 학급 수는 다음과 같고, 각 반의 참가자 수는 14명씩입니다. 연필을 모두 몇 자루 준비해야 합니까?

학년	1	2	3	4	5	6	합계
학급 수(반)	5	4	6	6	5	6	32

문제 이해하기

식 세우기

답 구하기

5

한 장의 길이가 14 cm인 종이 테이프 25장을 2 cm씩 겹쳐서 이어 붙였습니다. 이어 붙인 종이 테이프 전체의 길이는 몇 cm입니까?

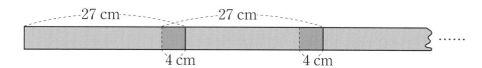

문제 이해하기

종이 테이프 2장을 이어 붙이면 겹쳐진 부분은 ☐ 군데

종이 테이프 3장을 이어 붙이면 겹쳐진 부분은 ☐ 군데

⋮

종이 테이프 25장을 이어 붙이면 겹쳐진 부분은 ☐ 군데

식 세우기

(종이 테이프 25장의 길이)=(종이 테이프 한 장의 길이)×(장수)

$$= \boxed{} \times \boxed{} = \boxed{}$$

(겹쳐진 부분의 길이)= $\boxed{} \times \boxed{} = \boxed{}$

➡ (이어 붙인 종이 테이프 전체의 길이)

$$= \boxed{} - \boxed{} = \boxed{}$$

답 구하기

☐ cm

6

한 장의 길이가 27 cm인 종이 테이프 13장을 4 cm씩 겹쳐서 이어 붙였습니다. 이어 붙인 종이 테이프 전체의 길이는 몇 cm입니까?

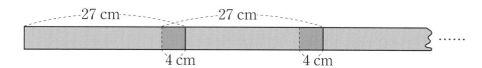

문제 이해하기

식 세우기

답 구하기

자동차가 도착한 곳은?

우리 집에서 빨간 자동차가 출발합니다. 이 자동차는 1시간에 62 km씩 가는 빠르기로 이동합니다. 이 자동차가 3시간 동안 쉬지 않고 달렸을 때 도착하는 위치에 ●, 12시간 동안 쉬지 않고 달렸을 때 도착하는 위치에 ● 을 색칠하세요.

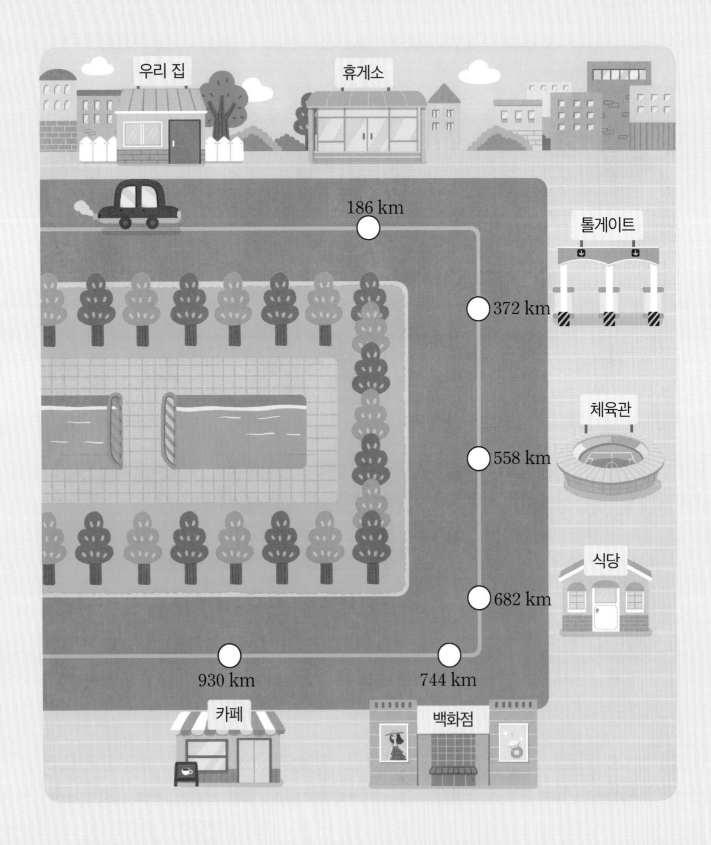

곱셈

올림이 여러 번 있는 (몇십몇) × (몇십몇) ❶

46×35를 계산할 때에는

❶ $46 \times 5 = 230$과 $46 \times 30 = 1380$을 각각 계산한 다음,

❷ 계산한 두 값을 더합니다.

```
      4 6
  ×   3 5
      2 3 0   ← 46×5
  1 3 8 0   ← 46×30
  1 6 1 0
```

실력
확인하기

계산을 하시오.

1
```
    2 4
  × 4 6
```

2
```
    3 9
  × 5 2
```

3
```
    7 6
  × 2 5
```

4
```
    4 3
  × 4 8
```

5
```
    2 5
  × 8 7
```

6
```
    5 3
  × 6 5
```

1 감을 한 상자에 29개씩 담았습니다. 24상자에 담은 감은 모두 몇 개입니까?

문제 이해하기

▶ 한 상자에 담은 감 수: ☐ 개

▶ 감을 담은 상자 수: ☐ 상자

➡ 24상자에 담은 감 수를 모눈종이에 나타내 보면

20×20 9×20

20×4 9×4

분홍색 모눈: $20 \times 20 =$ ☐ (칸)

보라색 모눈: $9 \times 20 =$ ☐ (칸)

초록색 모눈: $20 \times 4 =$ ☐ (칸)

노란색 모눈: $9 \times 4 =$ ☐ (칸)

전체 모눈: ☐ (칸)

식 세우기

(전체 감 수) = (한 상자에 담은 감 수) × (상자 수)

= ☐ × ☐ = ☐

답 구하기 ☐ 개

---

2 도넛이 한 상자에 18개씩 들어 있습니다. 55상자에 들어 있는 도넛은 모두 몇 개입니까?

문제 이해하기

▶ 한 상자에 들어 있는 도넛 수: ☐ 개

▶ 도넛이 들어 있는 상자 수: ☐ 상자

식 세우기

(전체 도넛 수)
= (한 상자에 들어 있는 도넛 수) × (상자 수)

= ☐ × ☐ = ☐

답 구하기 ☐ 개

---

3 한 통에 흰색 바둑돌이 20개, 검은색 바둑돌이 17개 들어 있습니다. 26개의 통에 들어 있는 바둑돌은 모두 몇 개입니까?

문제 이해하기

▶ 한 통에 들어 있는 바둑돌 수:

흰색 ☐ 개, 검은색 ☐ 개

➡ 전체 ☐ 개

▶ 바둑돌이 들어 있는 통 수: ☐ 개

식 세우기

(전체 바둑돌 수)
= (한 통에 들어 있는 바둑돌 수) × (통 수)

= ☐ × ☐ = ☐

답 구하기 ☐ 개

4 어느 건물 승강기 한 대에 최대 정원이 다음과 같이 표시되어 있습니다. 한 사람의 몸무게를 65 kg으로 보았을 때 승강기에 실을 수 있는 최대 무게는 몇 kg입니까?

> 승강기
>
> 최대 정원 19명

문제 이해하기

▶ 한 사람의 몸무게: ☐ kg

▶ 승강기 한 대의 최대 정원: ☐ 명

식 세우기

(승강기 한 대에 실을 수 있는 최대 무게)＝(한 사람의 몸무게)×(최대 정원)

＝ ☐ × ☐ ＝ ☐

답 구하기

☐ kg

---

5 어느 호수 공원의 보트 한 대에 탈 수 있는 최대 정원이 다음과 같이 표시되어 있습니다. 보트 45대에 탈 수 있는 사람은 최대 몇 명입니까?

> 보트
>
> 최대 정원 26명

문제 이해하기

▶ 보트 수: ☐ 대

▶ 보트 한 대에 탈 수 있는 최대 정원: ☐ 명

식 세우기

(보트 45대에 탈 수 있는 최대 사람 수)

＝(최대 정원)×(보트 수)

＝ ☐ × ☐ ＝ ☐

답 구하기 ☐ 명

---

6 어느 케이블카는 하루에 72번 운행되고, 한 번에 최대 23명까지 태울 수 있습니다. 하루 동안 이 케이블카를 이용할 수 있는 사람은 최대 몇 명입니까?

문제 이해하기

▶ 하루에 운행하는 횟수: ☐ 번

▶ 한 번에 태울 수 있는 최대 정원: ☐ 명

식 세우기

(하루 동안 케이블카를 이용할 수 있는 최대 사람 수)

＝(한 번에 태울 수 있는 최대 정원) ×(운행 횟수)

＝ ☐ × ☐ ＝ ☐

답 구하기 ☐ 명

정답 확인　오늘 나의 실력은?　부모님 확인

피라미드는 언제 만들어졌을까요?

고고학자 두 명이 곱셈 피라미드를 연구하고 있어요. 곱셈 피라미드의 규칙에 따라 비어 있는 벽돌에 알맞은 수를 써 주세요. 그리고 두 피라미드 중에서 더 오래된 피라미드에 ○표 하세요.

<곱셈 피라미드 규칙>

1. 아래층에 이웃해 있는 두 벽돌에 적힌 수를 곱한 값이 위층 벽돌에 적힌 수와 같다.
2. 피라미드 꼭대기에 있는 벽돌에 적힌 수가 클수록 더 오래된 피라미드이다.

48

4   12

1   4   3   2

12   4

6   6

곱셈

올림이 여러 번 있는
(몇십몇) × (몇십몇) ②

1 석민이와 양희 중에서 방울토마토를 더 많이 담은 사람은 누구입니까?

나는 한 상자에 35개씩 38상자 담았어.

나는 한 상자에 27개씩 42상자 담았어.

석민

양희

문제 이해하기 석민이와 양희가 담은 방울토마토 수를 각각 구한 다음, 계산 결과의 크기를 비교해 봅니다.

식 세우기 (석민이가 담은 방울토마토 수)=(한 상자에 담은 방울토마토 수)×(상자 수)

$$= \boxed{} \times \boxed{} = \boxed{}$$

(양희가 담은 방울토마토 수)=(한 상자에 담은 방울토마토 수)×(상자 수)

$$= \boxed{} \times \boxed{} = \boxed{}$$

답 구하기 $\boxed{}$

2 지수와 동생 중에서 딸기를 더 많이 딴 사람은 누구입니까?

나는 한 바구니에 28개씩 32바구니 땄어.

나는 한 바구니에 39개씩 25바구니 땄어.

지수

동생

문제 이해하기

식 세우기

답 구하기

3

자전거 공장에서 자전거를 한 시간에 37대씩 만듭니다. 하루에 8시간씩, 4일 동안 만들 수 있는 자전거는 모두 몇 대입니까?

 문제 이해하기

▶ 한 시간에 만드는 자전거 수: ☐ 대

▶ 자전거를 만드는 시간: 하루 ☐ 시간씩, ☐ 일 동안

➡ 전체 ☐ 시간

 식 세우기

(4일 동안 만들 수 있는 자전거 수)

＝(한 시간에 만드는 자전거 수)×(자전거를 만드는 시간)

＝☐×☐＝☐

답 구하기

☐ 대

4

지수가 동화책을 하루에 35쪽씩 읽으려고 합니다. 1주일에 7일씩, 4주 동안 읽을 수 있는 동화책은 모두 몇 쪽입니까?

문제 이해하기

식 세우기

답 구하기

5 수 카드를 한 번씩만 사용하여 계산 결과가 가장 큰 곱셈식을 만들어 보시오.

| 5 | 3 | 9 | ☐☐×4☐ |

문제 이해하기

❶ 수 카드에 적힌 수의 크기를 비교해 보면

☐ < ☐ < ☐

❷ 곱이 가장 큰 곱셈식을 만들 때는

두 자리 수의 십의 자리에 가장 큰 수인 ☐ 를 놓고

남은 수를 일의 자리에 놓습니다.

$$\begin{array}{r} \square\,\square \\ \times\quad 4\ \square \\ \hline \end{array}$$

식 세우기

만들 수 있는 곱셈식은

☐☐×4☐ = ☐

☐☐×4☐ = ☐

계산 결과를
비교해 봐!

답 구하기

☐☐×4☐

---

6 수 카드를 한 번씩만 사용하여 계산 결과가 가장 큰 곱셈식을 만들어 보시오.

| 8 | 2 | 4 | ☐☐×7☐ |

문제 이해하기

식 세우기

답 구하기

정답 확인　오늘 나의 실력은?　부모님 확인

도둑 루루가 숨어 있는 방은 어디?

도둑 루루가 진귀한 보물을 훔쳐서 온 나라를 떠들썩하게 만들었어요. 도둑 루루는 대저택에 숨으며 명탐정 토토가 찾아올 것을 짐작하고 쪽지를 남겨 두었어요. 과연 도둑 루루는 어느 방에 숨어 있을까요? 도둑 루루가 있는 방문에 ○표 하세요.

명탐정 토토!
용케도 날 찾아왔구나. 다음 문제를 풀어 내가 있는 방으로 와라.
10분 내에 나를 찾지 못하면 난 또 사라질 것이다.

두 곱의 합에서 일의 자리 수는?
49×35 54×33

곱셈

단원 마무리

01 땅콩이 한 봉지에 123개 들어 있습니다. 3봉지에 들어 있는 땅콩은 모두 몇 개 입니까?

02 오징어 한 축은 20마리입니다. 오징어 40축은 몇 마리입니까?

03

혜영이네 집에서 민희네 집까지의 거리는 340 m입니다. 혜영이가 집에서 출발하여 민희네 집까지 걸어서 갔다 왔을 때 혜영이가 걸은 거리는 모두 몇 m입니까?

04

지수네 학교 3학년 학생 124명에게 미술 시간에 쓸 색종이를 5장씩 나누어 주었더니 3장이 남았습니다. 처음에 있던 색종이는 모두 몇 장입니까?

05

1부터 9까지의 수 중에서 $\square$ 안에 들어갈 수 있는 가장 큰 수를 구하시오.

$$64 \times \square 0 < 4200$$

06

도로의 한쪽에 처음부터 끝까지 5 m 간격으로 가로등을 세웠습니다. 도로에 세운 가로등이 26개라면 도로의 길이는 몇 m입니까? (단, 가로등의 두께는 생각하지 않습니다.)

07

계산에서 잘못된 곳을 찾아 바르게 고치고, 틀린 이유를 쓰시오

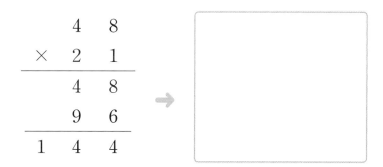

이유 _____

08

색칠한 전체 모눈의 수를 곱셈식으로 나타내고, 계산해 보시오.

20×10 7×10

20×4 7×4

09 ㉠★㉡을 다음과 같이 계산할 때 55★29를 계산해 보시오.

> ㉢=㉠+㉡, ㉣=㉠−㉡일 때
> ㉠★㉡=㉢×㉣

10 식품을 먹었을 때 몸속에서 발생하는 열에너지의 양을 '열량'이라고 합니다. 식품별 열량이 다음과 같을 때 은지네 가족이 먹은 간식의 열량은 모두 얼마입니까?

간식	열량(킬로칼로리)	간식	열량(킬로칼로리)
삶은 고구마 1개	154	땅콩 1개	12
딸기 1개	5	도넛 1개	190

> 〈은지네 가족이 먹은 간식〉
> 땅콩 30개, 딸기 14개, 도넛 4개

나눗셈

📖 **이것을 배울 거예요!**

- 나머지가 없는 (두 자리 수)÷(한 자리 수)
- 나머지가 있는 (두 자리 수)÷(한 자리 수)
- 나머지가 없는 (세 자리 수)÷(한 자리 수)
- 나머지가 있는 (세 자리 수)÷(한 자리 수)
- 계산이 맞는지 확인하기

학습 계획 세우기

공부할 내용에 대한 계획을 세우고,
학습해 보아요!

		학습 계획일	
3주 5일	(몇십)÷(몇)	월	일
4주 1일	내림이 없고 나머지가 없는 (몇십몇)÷(몇) ❶	월	일
4주 2일	내림이 없고 나머지가 없는 (몇십몇)÷(몇) ❷	월	일
4주 3일	내림이 있고 나머지가 없는 (몇십몇)÷(몇) ❶	월	일
4주 4일	내림이 있고 나머지가 없는 (몇십몇)÷(몇) ❷	월	일
4주 5일	내림이 없고 나머지가 있는 (몇십몇)÷(몇) ❶	월	일
5주 1일	내림이 없고 나머지가 있는 (몇십몇)÷(몇) ❷	월	일
5주 2일	내림이 있고 나머지가 있는 (몇십몇)÷(몇) ❶	월	일
5주 3일	내림이 있고 나머지가 있는 (몇십몇)÷(몇) ❷	월	일
5주 4일	나머지가 없는 (세 자리 수)÷(한 자리 수) ❶	월	일
5주 5일	나머지가 없는 (세 자리 수)÷(한 자리 수) ❷	월	일
6주 1일	나머지가 있는 (세 자리 수)÷(한 자리 수)	월	일
6주 2일	맞게 계산했는지 확인하기	월	일
6주 3일	단원 마무리	월	일

나눗셈

(몇십)÷(몇)

▶ 십 모형 6개를 똑같이 2묶음으로 나누면
한 묶음에 십 모형이 3개입니다.
➡ $60 \div 2 = 30$

▶ 십 모형 5개를 똑같이 2묶음으로 나누면
한 묶음에 십 모형이 2개, 일 모형이 5개입니다.
➡ $50 \div 2 = 25$

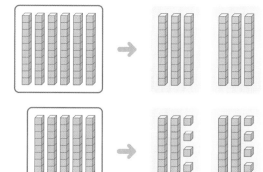

실력 확인하기

계산을 하시오.

1 $20 \div 2 = \boxed{}$

2 $50 \div 5 = \boxed{}$

3 $80 \div 4 = \boxed{}$

4 $90 \div 3 = \boxed{}$

5 $60 \div 5 = \boxed{}$

6 $80 \div 5 = \boxed{}$

7 $70 \div 2 = \boxed{}$

8 $90 \div 6 = \boxed{}$

1 색종이 60장을 3명에게 똑같이 나누어 주려고 합니다. 한 명에게 색종이를 몇 장씩 줄 수 있습니까?

문제 이해하기
➤ 전체 색종이 수: ⬜ 장

➤ 사람 수: ⬜ 명

➡ 전체 색종이 수를 수 모형으로 나타낼 때, 수 모형을 3묶음으로 똑같이 나누어 보면

식 세우기
(한 명에게 줄 수 있는 색종이 수)＝(전체 색종이 수)÷(사람 수)

= ⬜ ÷ ⬜ = ⬜

답 구하기
⬜ 장

---

2 연필 40자루를 4명에게 똑같이 나누어 주려고 합니다. 한 명에게 연필을 몇 자루씩 줄 수 있습니까?

문제 이해하기
➤ 전체 연필 수: ⬜ 자루

➤ 사람 수: ⬜ 명

식 세우기
(한 명에게 줄 수 있는 연필 수)
＝(전체 연필 수)÷(사람 수)

= ⬜ ÷ ⬜ = ⬜

답 구하기
⬜ 자루

---

3 물고기가 한 망에 10마리씩 8망이 있습니다. 이 물고기를 2명이 똑같이 나누어 가지려고 합니다. 한 명이 몇 마리씩 가질 수 있습니까?

문제 이해하기
➤ 물고기 수:

한 망에 ⬜ 마리씩 ⬜ 망

➡ 전체 ⬜ 마리

➤ 사람 수: ⬜ 명

식 세우기
(한 명이 가질 수 있는 물고기 수)
＝(전체 물고기 수)÷(사람 수)

= ⬜ ÷ ⬜ = ⬜

답 구하기
⬜ 마리

4 사탕 70개가 있습니다. 한 명당 사탕을 5개씩 나누어 준다면 몇 명에게 나누어 줄 수 있습니까?

문제 이해하기
- ▸ 전체 사탕 수: ☐ 개
- ▸ 한 명당 나누어 줄 사탕 수: ☐ 개
- ➡ 전체 사탕 수를 수 모형으로 나타낼 때, 수 모형을 5개씩 묶어 보면

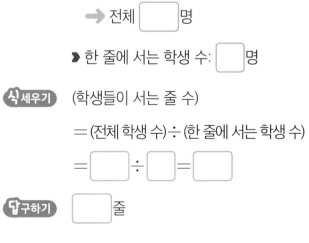

식 세우기
(사탕을 나누어 줄 수 있는 사람 수)
＝(전체 사탕 수)÷(한 명당 나누어 줄 사탕 수)
＝☐÷☐=☐

십 모형을
일 모형으로!

답 구하기 ☐ 명

---

5 딸기 30개가 있습니다. 한 명당 딸기를 2개씩 나누어 준다면 몇 명에게 나누어 줄 수 있습니까?

문제 이해하기
- ▸ 전체 딸기 수: ☐ 개
- ▸ 한 명당 나누어 줄 딸기 수: ☐ 개

식 세우기
(딸기를 나누어 줄 수 있는 사람 수)
＝(전체 딸기 수)
÷(한 명당 나누어 줄 딸기 수)
＝☐÷☐=☐

답 구하기 ☐ 명

---

6 남학생 32명과 여학생 28명이 있습니다. 학생들이 한 줄에 4명씩 서면 모두 몇 줄이 됩니까?

문제 이해하기
- ▸ 학생 수:
  남학생 ☐ 명, 여학생 ☐ 명
  ➡ 전체 ☐ 명
- ▸ 한 줄에 서는 학생 수: ☐ 명

식 세우기
(학생들이 서는 줄 수)
＝(전체 학생 수)÷(한 줄에 서는 학생 수)
＝☐÷☐=☐

답 구하기 ☐ 줄

정답 확인 오늘 나의 실력은? 부모님 확인

핫도그와 추로스를 팔아요

토순이가 5일 동안 공원 매점에서 아르바이트를 하기로 했어요. 핫도그와 추로스를 파는데, 5일 동안 똑같은 양을 팔아야 해요. 토순이가 하루에 팔 수 있는 핫도그와 추로스의 개수를 써 보세요.

핫도그와 추로스는 한 상자에 각각 4개씩 들어 있어. 핫도그 15상자, 추로스 20상자가 있으니까 하루에 몇 개씩 팔아야 할까?

오늘 팔 수 있는
핫도그
☐ 개

오늘 팔 수 있는
추로스
☐ 개

내림이 없고 나머지가 없는 (몇십몇)÷(몇) ❶

68÷2를 계산할 때에는

❶ 십의 자리에서 6을 2로 나누고,

❷ 일의 자리에서 8을 2로 나눕니다.

➡ 68÷2=34

```
       3   4
   2 ) 6   8
       6   0   ← 2×30
           8
           8   ← 2×4
           0
```

실력 확인하기

계산을 하시오.

1

```
2 ) 2   4
```

2

```
3 ) 3   3
```

3

```
5 ) 5   5
```

4

```
3 ) 6   9
```

5

```
2 ) 8   4
```

6

```
3 ) 9   3
```

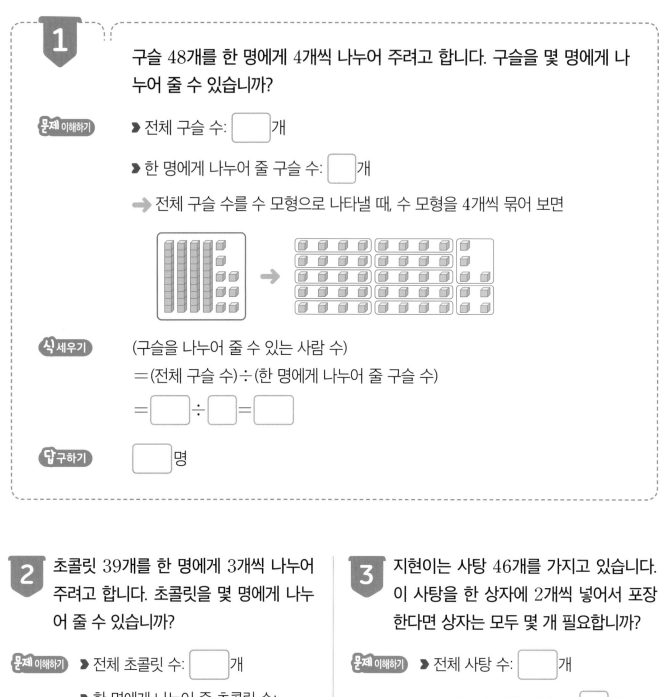

1

구슬 48개를 한 명에게 4개씩 나누어 주려고 합니다. 구슬을 몇 명에게 나누어 줄 수 있습니까?

문제 이해하기

▶ 전체 구슬 수: ☐ 개

▶ 한 명에게 나누어 줄 구슬 수: ☐ 개

➡ 전체 구슬 수를 수 모형으로 나타낼 때, 수 모형을 4개씩 묶어 보면

식 세우기

(구슬을 나누어 줄 수 있는 사람 수)
=(전체 구슬 수)÷(한 명에게 나누어 줄 구슬 수)

= ☐ ÷ ☐ = ☐

답 구하기

☐ 명

2

초콜릿 39개를 한 명에게 3개씩 나누어 주려고 합니다. 초콜릿을 몇 명에게 나누어 줄 수 있습니까?

문제 이해하기

▶ 전체 초콜릿 수: ☐ 개

▶ 한 명에게 나누어 줄 초콜릿 수:
☐ 개

식 세우기

(초콜릿을 나누어 줄 수 있는 사람 수)
=(전체 초콜릿 수)
÷(한 명에게 나누어 줄 초콜릿 수)

= ☐ ÷ ☐ = ☐

답 구하기

☐ 명

3

지현이는 사탕 46개를 가지고 있습니다. 이 사탕을 한 상자에 2개씩 넣어서 포장한다면 상자는 모두 몇 개 필요합니까?

문제 이해하기

▶ 전체 사탕 수: ☐ 개

▶ 한 상자에 넣을 사탕 수: ☐ 개

식 세우기

(필요한 상자 수)
=(전체 사탕 수)
÷(한 상자에 넣을 사탕 수)

= ☐ ÷ ☐ = ☐

답 구하기

☐ 개

4

물고기 36마리를 어항 3개에 똑같이 나누어 넣으려고 합니다. 어항 한 개에 물고기를 몇 마리씩 넣을 수 있습니까?

문제 이해하기

▶ 전체 물고기 수: ☐ 마리

▶ 어항 수: ☐ 개

➡ 전체 물고기 수를 수 모형으로 나타낼 때, 수 모형을 3묶음으로 똑같이 나누어 보면

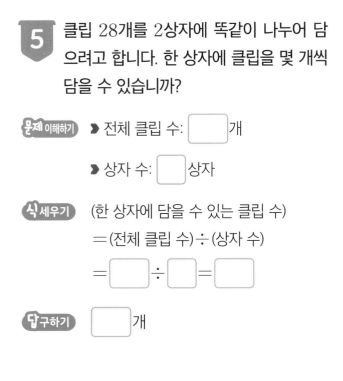

식 세우기

(어항 한 개에 넣을 수 있는 물고기 수) = (전체 물고기 수) ÷ (어항 수)

= ☐ ÷ ☐ = ☐

답 구하기

☐ 마리

---

5 클립 28개를 2상자에 똑같이 나누어 담으려고 합니다. 한 상자에 클립을 몇 개씩 담을 수 있습니까?

문제 이해하기

▶ 전체 클립 수: ☐ 개

▶ 상자 수: ☐ 상자

식 세우기

(한 상자에 담을 수 있는 클립 수)
= (전체 클립 수) ÷ (상자 수)

= ☐ ÷ ☐ = ☐

답 구하기 ☐ 개

---

6 딸기 84개를 4명이 똑같이 나누어 먹으려고 합니다. 한 명이 먹을 수 있는 딸기는 몇 개입니까?

문제 이해하기

▶ 전체 딸기 수: ☐ 개

▶ 사람 수: ☐ 명

식 세우기

(한 명이 먹을 수 있는 딸기 수)
= (전체 딸기 수) ÷ (사람 수)

= ☐ ÷ ☐ = ☐

답 구하기 ☐ 개

정답 확인 | 오늘 나의 실력은? | 부모님 확인

강아지를 데리고 간 사람은 누구?

어젯밤 별별 마트를 지키던 강아지가 사라졌어요. 그 시간 매장 직원들은 물건 정리를 하고 있었다고 합니다. 신고를 받은 탐정이 와서 직원들에게 질문을 하자 강아지를 데리고 간 직원은 당황했는지 잘못된 계산식을 말하고 있어요. 누구인지 찾아 ○표 하세요.

팔고 남은 사과가 총 63개 있어서 3개씩 봉지에 담아 21봉지로 포장했어요.

유통 기한이 지난 음료수가 총 77개 있어서 7개씩 묶어 11세트를 밖으로 내놓았어요.

인형을 세트로 팔려고 총 46개 인형을 2개씩 묶어 32세트로 만들었어요.

총 84켤레의 양말을 4켤레씩 상자에 담아 21상자로 만들었어요.

어젯밤 강아지가 없어진 시간에 당신들은 무엇을 하고 있었습니까? 한 사람씩 자세하게 말해 보세요.

나눗셈

내림이 없고 나머지가 없는 (몇십몇) ÷ (몇) ②

 1

다음에서 같은 모양은 같은 수를 나타낼 때, ♥에 알맞은 수를 구하시오.

$$\cdot 6 \times 8 = \bigstar \qquad \cdot \bigstar \div 2 = \heartsuit$$

 문제 이해하기

♥를 구하려면 ★을 알아야 합니다.

➡ 먼저 ★을 구합니다.

 식 세우기

$\bigstar = 6 \times 8 = \boxed{}$

➡ $\heartsuit = \bigstar \div 2 = \boxed{} \div 2 = \boxed{}$

답 구하기

$\boxed{}$

2

다음에서 같은 모양은 같은 수를 나타낼 때, ♣에 알맞은 수를 구하시오.

$$\cdot 9 \times 7 = \spadesuit \qquad \cdot \spadesuit \div 3 = \clubsuit$$

 문제 이해하기

식 세우기

 답 구하기

3

3장의 수 카드 중에서 2장을 골라 한 번씩만 사용하여 가장 큰 두 자리 수를 만들었습니다. 만든 두 자리 수를 남은 수 카드의 수로 나누었을 때의 몫을 구하시오.

$$\boxed{6} \quad \boxed{2} \quad \boxed{4}$$

문제 이해하기

❶ 수 카드에 적힌 세 수의 크기를 비교해 보면

$\boxed{} < \boxed{} < \boxed{}$

❷ 만들 수 있는 가장 큰 두 자리 수는 $\boxed{}$

두 자리 수를 만들고 남은 수 카드의 수는 $\boxed{}$

식 세우기

(가장 큰 두 자리 수) ÷ (남은 수 카드의 수)

= $\boxed{}$ ÷ $\boxed{}$ = $\boxed{}$

답 구하기

$\boxed{}$

4

3장의 수 카드 중에서 2장을 골라 한 번씩만 사용하여 가장 큰 두 자리 수를 만들었습니다. 만든 두 자리 수를 남은 수 카드의 수로 나누었을 때의 몫을 구하시오.

$$\boxed{9} \quad \boxed{6} \quad \boxed{3}$$

문제 이해하기

식 세우기

답 구하기

5

□ 안에 들어갈 수 있는 수 중에서 가장 작은 수를 구하시오.

$$□ > 24 ÷ 2$$

문제 이해하기 24÷2를 계산한 다음, □ 안에 들어갈 수 있는 수를 생각해 봅니다.

식 세우기 24÷2 = ☐ 이므로

☐ > ☐

➡ □ 안에는 ☐ 보다 (큰 , 작은) 수가 들어갈 수 있습니다.

➡ □ = ☐ , ☐ , ☐ , ……

가장 작은 수를 찾아야 해!

답 구하기 ☐

6

□ 안에 들어갈 수 있는 수 중에서 가장 큰 수를 구하시오.

$$□ < 88 ÷ 4$$

문제 이해하기

식 세우기

답 구하기

오늘 나의 실력은?　　부모님 확인

정답 확인

색종이 자르기

미술 시간이 되어 서안이가 준비물실에 가서 색깔별로 커다란 정사각형 모양의 색종이 한 장씩을 받아왔어요. 색종이는 필요한 학생들의 수만큼 정사각형 모양으로 똑같이 잘라야 해요. 잘랐을 때 조각의 한 변의 길이가 가장 긴 색종이는 무슨 색일까요? 해당하는 색종이에 ○표 하세요.

색종이가 필요해요!

| 빨강 주황 보라 | 빨강 연두 보라 | 빨강 주황 보라 | 빨강 보라 | 빨강 주황 보라 | 빨강 주황 보라 | 빨강 연두 보라 | 빨강 연두 보라 | 빨강 연두 보라 |

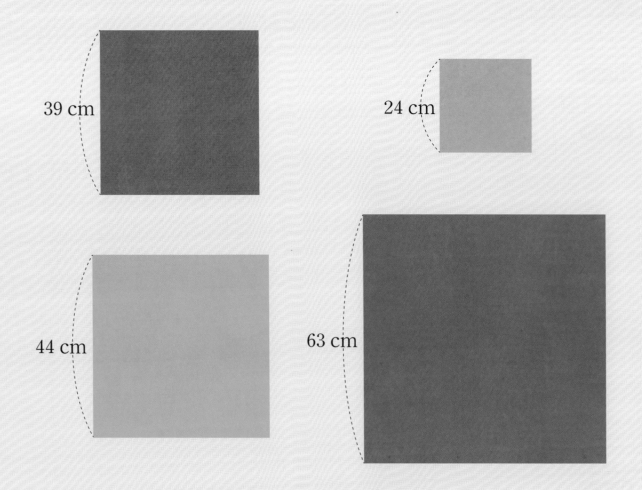

39 cm

24 cm

44 cm

63 cm

나눗셈

내림이 있고 나머지가 없는 (몇십몇)÷(몇) ❶

36÷2를 계산할 때에는

❶ 십의 자리에서 3을 2로 나누고,

❷ 남은 1과 일의 자리 6을 합친 16을 2로 나눕니다.

➡ 36÷2=18

```
        1 8
  2 ) 3 6
      2 0  ← 2×10
      1 6
      1 6  ← 2×8
          0
```

실력 확인하기

계산을 하시오.

1

2) 3 4

2

4) 5 6

3

5) 7 5

4

3) 7 8

5

7) 8 4

6

8) 9 6

79

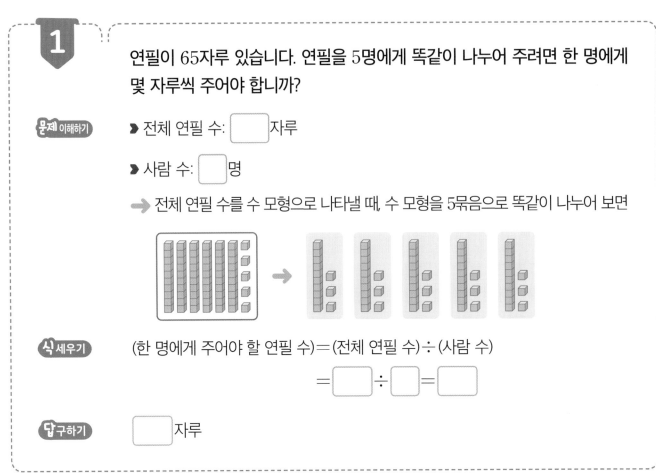

1

연필이 65자루 있습니다. 연필을 5명에게 똑같이 나누어 주려면 한 명에게 몇 자루씩 주어야 합니까?

문제 이해하기

▶ 전체 연필 수: ☐자루

▶ 사람 수: ☐명

➔ 전체 연필 수를 수 모형으로 나타낼 때, 수 모형을 5묶음으로 똑같이 나누어 보면

식 세우기

(한 명에게 주어야 할 연필 수)＝(전체 연필 수)÷(사람 수)

＝☐÷☐＝☐

답 구하기 ☐자루

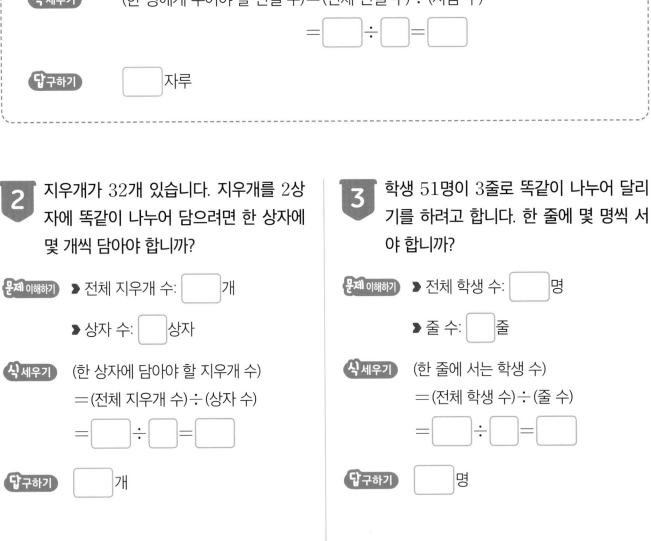

2

지우개가 32개 있습니다. 지우개를 2상자에 똑같이 나누어 담으려면 한 상자에 몇 개씩 담아야 합니까?

문제 이해하기 ▶ 전체 지우개 수: ☐개

▶ 상자 수: ☐상자

식 세우기 (한 상자에 담아야 할 지우개 수)

＝(전체 지우개 수)÷(상자 수)

＝☐÷☐＝☐

답 구하기 ☐개

3

학생 51명이 3줄로 똑같이 나누어 달리기를 하려고 합니다. 한 줄에 몇 명씩 서야 합니까?

문제 이해하기 ▶ 전체 학생 수: ☐명

▶ 줄 수: ☐줄

식 세우기 (한 줄에 서는 학생 수)

＝(전체 학생 수)÷(줄 수)

＝☐÷☐＝☐

답 구하기 ☐명

4 두 사람의 대화를 읽고 필요한 접시는 몇 개인지 구하시오.

마카롱 72개를 접시 한 개에 6개씩 나누어 담으려고 해.

그럼 접시는 몇 개가 필요할까?

문제 이해하기

➤ 전체 마카롱 수: ☐ 개

➤ 접시 한 개에 담을 마카롱 수: ☐ 개

➡ 전체 마카롱 수를 수 모형으로 나타낼 때, 수 모형을 6개씩 묶어 보면

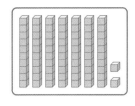 →

식 세우기

(필요한 접시 수)＝(전체 마카롱 수)÷(접시 한 개에 담을 마카롱 수)

＝ ☐ ÷ ☐ ＝ ☐

답 구하기 ☐ 개

---

5 상자는 모두 몇 개가 필요합니까?

초콜릿 48개를 상자 한 개에 3개씩 나누어 담으려고 해.

문제 이해하기

➤ 전체 초콜릿 수: ☐ 개

➤ 상자 한 개에 담을 초콜릿 수: ☐ 개

식 세우기

(필요한 상자 수)

＝(전체 초콜릿 수)

÷(상자 한 개에 담을 초콜릿 수)

＝ ☐ ÷ ☐ ＝ ☐

답 구하기 ☐ 개

---

6 장미는 모두 몇 묶음 팔 수 있습니까?

장미 54송이를 한 묶음에 2송이씩 묶어서 팔려고 해.

문제 이해하기

➤ 전체 장미 수: ☐ 송이

➤ 한 묶음의 장미 수: ☐ 송이

식 세우기

(팔 수 있는 장미 묶음 수)

＝(전체 장미 수)÷(한 묶음의 장미 수)

＝ ☐ ÷ ☐ ＝ ☐

답 구하기 ☐ 묶음

나눗셈 미로

준서가 나눗셈 미로 방에 들어가려고 합니다. 이 나눗셈 미로 방을 탈출하려면 나눗셈의 몫이 1씩 커지는 곳으로 가야 해요. 준서와 함께 나눗셈을 풀면서 미로 방을 탈출해 주세요.

준서

$99 \div 9$	$78 \div 6$	$36 \div 3$	$60 \div 4$
$84 \div 7$	$65 \div 5$	$42 \div 3$	$52 \div 4$
$68 \div 4$	$84 \div 6$	$30 \div 2$	$90 \div 6$
$39 \div 3$	$96 \div 6$	$64 \div 4$	$36 \div 2$
$98 \div 7$	$76 \div 4$	$51 \div 3$	$90 \div 5$
$48 \div 3$	$91 \div 7$	$38 \div 2$	$57 \div 3$

나눗셈

내림이 있고 나머지가 없는 (몇십몇) ÷ (몇) ❷

---

1 몫이 큰 순서대로 기호를 쓰시오.

| ㉠ 57 ÷ 3 | ㉡ 84 ÷ 7 | ㉢ 96 ÷ 6 |

문제 이해하기 나눗셈을 계산해 보면

㉠ 57 ÷ 3 = ☐

㉡ 84 ÷ 7 = ☐

㉢ 96 ÷ 6 = ☐

몫을 비교해 봐!

답 구하기 ☐ , ☐ , ☐

---

2 몫이 작은 순서대로 기호를 쓰시오.

| ㉠ 38 ÷ 2 | ㉡ 45 ÷ 3 | ㉢ 68 ÷ 4 |

문제 이해하기

 답 구하기

3 나눗셈 84÷□의 □ 안에 수 카드의 수를 넣었을 때 몫을 가장 크게 하는 수를 찾아 쓰시오.

| 6 | 3 | 7 | 4 |

문제 이해하기

❶ 나누어지는 수가 같을 때
   나누는 수가 (작을수록 , 클수록) 몫이 큽니다.

❷ 수 카드에 적힌 수의 크기를 비교해 보면

☐ < ☐ < ☐ < ☐

답구하기

☐

4 나눗셈 96÷□의 □ 안에 수 카드의 수를 넣었을 때 몫을 가장 작게 하는 수를 찾아 쓰시오.

| 2 | 8 | 6 | 4 |

문제 이해하기

답구하기

□ 안에 알맞은 수를 써넣으시오.

```
        2 □
    □ ) 5  8
        □  0
     ─────────
        1  □
        □  8
     ─────────
           0
```

문제 이해하기

모르는 수를 ㉠, ㉡, ㉢, ㉣, ㉤과 같이 나타낸 다음,

각 자리의 나눗셈 과정을 ㉠, ㉡, ㉢, ㉣, ㉤을 이용한 식으로 나타내어 구합니다.

식 세우기

```
          2  ㉠
    ㉡ ) 5  8
        ㉢  0
     ─────────
        1  ㉣
        ㉤  8
     ─────────
           0
```

❶ $5 - ㉢ = 1$ ➡ $㉢ = \boxed{}$

❷ $㉡ \times 2 = 4$ ➡ $㉡ = \boxed{}$

❸ $㉣ = \boxed{}$ 이므로 $18 - ㉤8 = 0$ ➡ $㉤ = \boxed{}$

❹ $2 \times ㉠ = 18$ ➡ $㉠ = \boxed{}$

답 구하기

(위에서부터) $\boxed{}$, $\boxed{}$, $\boxed{}$, $\boxed{}$, $\boxed{}$

□ 안에 알맞은 수를 써넣으시오.

```
        1  □
    □ ) 9  □
        □  0
     ─────────
        4  5
        □  5
     ─────────
           0
```

문제 이해하기

식 세우기

답 구하기

재미있는 수학 놀이터

스웨터와 장갑

미래네 아파트에서는 추운 겨울에 필요한 스웨터와 장갑을 떠서 봉사를 가려고 합니다. 빨간색 털실 72개, 초록색 털실 96개, 노란색 털실 36개가 준비되어 있어요. 색깔별로 털실의 반은 스웨터를, 반은 장갑을 뜨려고 합니다. 스웨터와 장갑을 각각 몇 개씩 뜰 수 있는지 쓰세요.

나눗셈

내림이 없고 나머지가 있는
(몇십몇)÷(몇) ❶

26÷3을 계산할 때에는

십의 자리에서 2를 3으로 나눌 수 없으므로

일의 자리에서 26을 3으로 나눕니다.

➡ 26÷3=8 ··· 2

 └→나머지는 항상 나누는 수보다 작아요.

```
        8
3 ) 2   6
    2   4  ←3×8
        2
```

실력
확인하기

계산을 하시오.

1
```
2 ) 1   9
```

2
```
4 ) 2   7
```

3
```
9 ) 7   1
```

4
```
3 ) 3   8
```

5
```
2 ) 4   5
```

6
```
5 ) 5   9
```

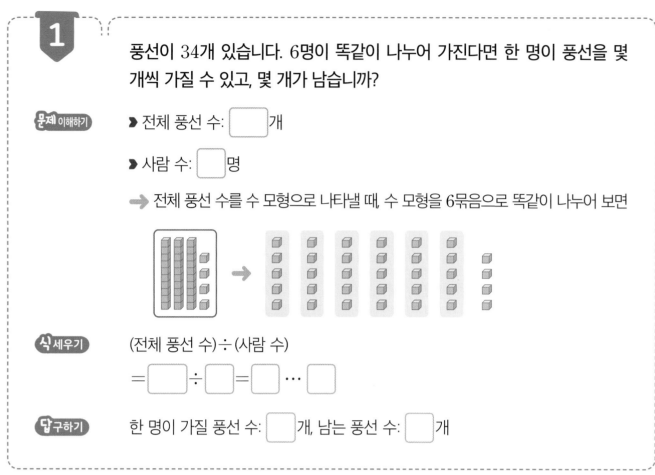

1 풍선이 34개 있습니다. 6명이 똑같이 나누어 가진다면 한 명이 풍선을 몇 개씩 가질 수 있고, 몇 개가 남습니까?

문제 이해하기
➤ 전체 풍선 수: ☐ 개

➤ 사람 수: ☐ 명

➡ 전체 풍선 수를 수 모형으로 나타낼 때, 수 모형을 6묶음으로 똑같이 나누어 보면

식 세우기
(전체 풍선 수) ÷ (사람 수)

= ☐ ÷ ☐ = ☐ … ☐

답 구하기
한 명이 가질 풍선 수: ☐ 개, 남는 풍선 수: ☐ 개

2 고무줄이 23개 있습니다. 5명이 똑같이 나누어 가진다면 한 명이 고무줄을 몇 개씩 가질 수 있고, 몇 개가 남습니까?

문제 이해하기
➤ 전체 고무줄 수: ☐ 개

➤ 사람 수: ☐ 명

식 세우기
(전체 고무줄 수) ÷ (사람 수)

= ☐ ÷ ☐ = ☐ … ☐

답 구하기
한 명이 가질 고무줄 수: ☐ 개

남는 고무줄 수: ☐ 개

3 자석 46개를 4상자에 똑같이 나누어 담으려고 합니다. 한 상자에 자석을 몇 개씩 나누어 담을 수 있고, 몇 개가 남습니까?

문제 이해하기
➤ 전체 자석 수: ☐ 개

➤ 상자 수: ☐ 상자

식 세우기
(전체 자석 수) ÷ (상자 수)

= ☐ ÷ ☐ = ☐ … ☐

답 구하기
한 상자에 담을 자석 수: ☐ 개

남는 자석 수: ☐ 개

4

멜론 35개를 한 상자에 3개씩 담으려고 합니다. 상자는 몇 개가 필요하고, 멜론은 몇 개가 남습니까?

문제 이해하기

▶ 전체 멜론 수: ☐ 개

▶ 한 상자에 담을 멜론 수: ☐ 개

➡ 전체 멜론 수를 수 모형으로 나타낼 때, 수 모형을 3개씩 묶어 보면

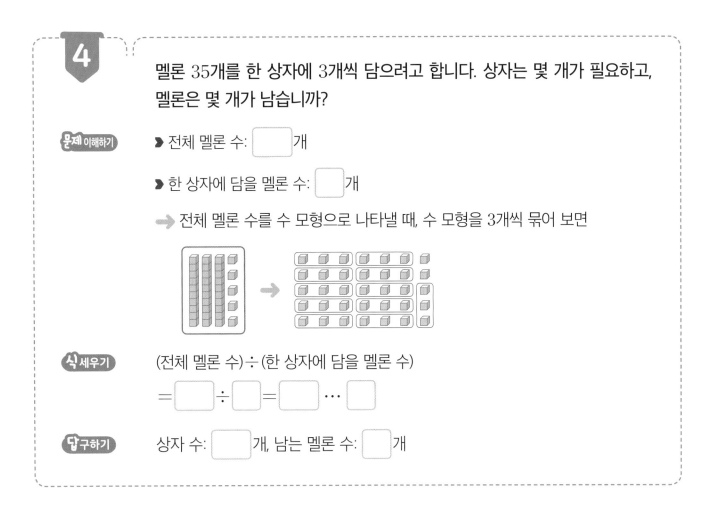

식 세우기

(전체 멜론 수) ÷ (한 상자에 담을 멜론 수)

= ☐ ÷ ☐ = ☐ … ☐

답 구하기

상자 수: ☐ 개, 남는 멜론 수: ☐ 개

5

양파 41개를 한 봉지에 5개씩 담으려고 합니다. 봉지는 몇 개가 필요하고, 양파는 몇 개가 남습니까?

문제 이해하기

▶ 전체 양파 수: ☐ 개

▶ 한 봉지에 담을 양파 수: ☐ 개

식 세우기

(전체 양파 수)

÷ (한 봉지에 담을 양파 수)

= ☐ ÷ ☐ = ☐ … ☐

답 구하기

봉지 수: ☐ 개

남는 양파 수: ☐ 개

6

색 테이프 4 cm로 리본 한 개를 만들 수 있습니다. 색 테이프 67 cm로 리본을 몇 개까지 만들 수 있고, 남는 색 테이프는 몇 cm입니까?

문제 이해하기

색 테이프 67 cm를 4 cm씩 잘라 보면

색 테이프 ☐ cm

☐ cm

식 세우기

(전체 색 테이프 길이)

÷ (리본 한 개의 길이)

= ☐ ÷ ☐ = ☐ … ☐

답 구하기

리본 수: ☐ 개

남는 색 테이프 길이: ☐ cm

재미있는 수학 놀이터

남은 먹이는 몇 개?

다람쥐, 토끼, 원숭이가 시장에 내다 팔 먹이를 포장하고 있어요. 다람쥐는 도토리를 자루에, 토끼는 당근을 상자에, 원숭이는 바나나를 바구니에 똑같이 나누어서 포장해야 해요. 포장하고 남은 것은 먹어도 된다고 합니다. 세 동물이 먹을 수 있는 먹이를 탁자 위에 그려 보세요.

나눗셈

내림이 없고 나머지가 있는 (몇십몇)÷(몇) ❷

1

나머지가 4가 될 수 없는 식을 찾아 ○표 하시오.

□÷8	□÷3	□÷5
( )	( )	( )

문제 이해하기

❶ 나머지는 나누는 수보다 항상 (큽니다 , 작습니다).

❷ □÷8에서 나누는 수는 ☐

□÷3에서 나누는 수는 ☐

□÷5에서 나누는 수는 ☐

답 구하기   (   ) (   ) (   )

2

나머지가 3이 될 수 없는 식을 찾아 ○표 하시오.

□÷4	□÷6	□÷2
( )	( )	( )

문제 이해하기

답 구하기

91

3

나눗셈 3□÷5는 나누어떨어집니다. 0부터 9까지의 수 중에서 □ 안에 들어갈 수 있는 수를 모두 구하시오.

문제 이해하기

나누어떨어진다. ➡ 나머지가 ☐이다.

식 세우기

나눗셈의 몫을 ★이라 하고 세로 형식으로 나타내 보면

$$
\begin{array}{r}
★ \\
5\overline{\smash{\big)}\,3\ \square} \\
\underline{3\ \square} \\
\square
\end{array}
$$

➡ 나머지가 ☐이어야 하므로 5 × ★ = 3□

➡ ★과 □ 안에 들어갈 수 있는 수를 찾아보면

5 × ☐ = 3☐, 5 × ☐ = 3☐

5단 곱셈구구에서 곱의 십의 자리 수가 3인 경우를 찾아봐.

답 구하기

☐ , ☐

4

나눗셈 4□÷6은 나누어떨어집니다. 0부터 9까지의 수 중에서 □ 안에 들어갈 수 있는 수를 모두 구하시오.

문제 이해하기

식 세우기

답 구하기

5

78을 어떤 수로 나누어야 할 것을 잘못하여 78에서 어떤 수를 뺐더니 71이 되었습니다. 바르게 계산한 몫과 나머지를 각각 구하시오.

문제 이해하기

➤ 바른 계산: 78을 어떤 수로 나누어야 합니다.

➤ 잘못한 계산: 78에서 어떤 수를 (더했더니 , 뺐더니) 71이 되었습니다.

식 세우기

어떤 수를 ☐라고 하면

$78 - ☐ = \boxed{}$ ➡ $☐ = \boxed{}$

바르게 계산하면

$78 \div \boxed{} = \boxed{} \cdots \boxed{}$

답 구하기

몫: $\boxed{}$, 나머지: $\boxed{}$

6

82를 어떤 수로 나누어야 할 것을 잘못하여 82에 어떤 수를 더했더니 86이 되었습니다. 바르게 계산한 몫과 나머지를 각각 구하시오.

문제 이해하기

식 세우기

답 구하기

오늘 나의 실력은?   부모님 확인

놀이 기구 타기

미래네 학교에서는 놀이공원으로 소풍을 갔어요. 자유 시간이 되자 미래와 영훈이는 쌩쌩 열차를 타려고 줄을 섰어요. 쌩쌩 열차는 8명이 모여야 탈 수 있대요. 미래와 영훈이가 쌩쌩 열차를 타려면 뒤로 몇 명이 더 와야 하는지 써 보세요.

우리 앞에 줄을 선 사람이 58명이야. 우리 차례가 되려면 조금 기다려야 해.

응. 그런데 8명이 모여야 탈 수 있으니까 우리 뒤로 ☐ 명이 더 와야 해.

미래

영훈

나눗셈

내림이 있고 나머지가 있는 (몇십몇)÷(몇) ❶

$37 \div 2$를 계산할 때에는

❶ 십의 자리에서 3을 2로 나누고,

❷ 남은 1과 일의 자리 7을 합친 17을 2로 나눕니다.

➡ $37 \div 2 = 18 \cdots 1$

```
      1 8
2 ) 3 7
    2 0   ←2×10
    1 7
    1 6   ←2×8
        1
```

계산을 하시오.

1 2) 5 9

2 3) 8 2

3 4) 7 1

4 7) 8 6

5 5) 7 8

6 6) 8 3

1

콩 주머니 73개를 6상자에 똑같이 나누어 담으려고 합니다. 한 상자에 몇 개씩 담을 수 있고, 몇 개가 남습니까?

문제 이해하기

➤ 전체 콩 주머니 수: ☐ 개

➤ 상자 수: ☐ 상자

→ 전체 콩 주머니 수를 수 모형으로 나타낼 때, 수 모형을 6묶음으로 똑같이 나누어 보면

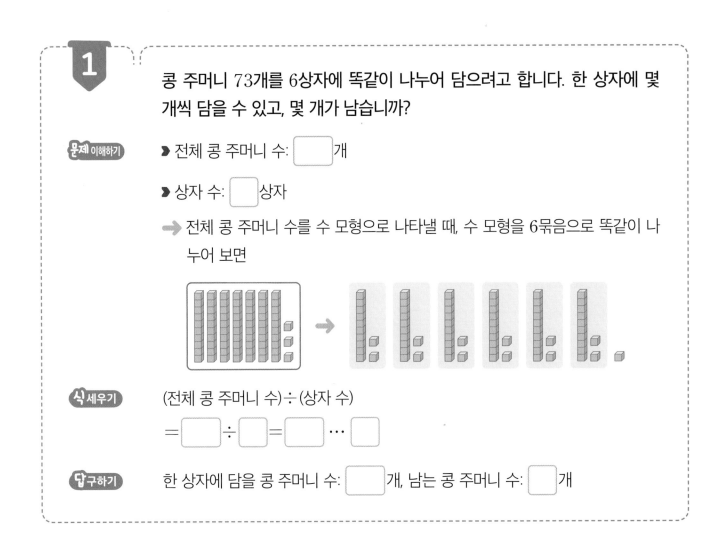

식 세우기

(전체 콩 주머니 수) ÷ (상자 수)

= ☐ ÷ ☐ = ☐ ··· ☐

답 구하기

한 상자에 담을 콩 주머니 수: ☐ 개, 남는 콩 주머니 수: ☐ 개

2

야구공 47개를 3상자에 똑같이 나누어 담으려고 합니다. 한 상자에 몇 개씩 담을 수 있고, 몇 개가 남습니까?

문제 이해하기 ➤ 전체 야구공 수: ☐ 개

➤ 상자 수: ☐ 상자

식 세우기 (전체 야구공 수) ÷ (상자 수)

= ☐ ÷ ☐ = ☐ ··· ☐

답 구하기 한 상자에 담을 야구공 수: ☐ 개

남는 야구공 수: ☐ 개

3

고구마가 한 봉지에 7개씩 9봉지 있습니다. 이 고구마를 4명에게 똑같이 나누어 주려고 합니다. 한 명에게 몇 개씩 줄 수 있고, 몇 개가 남습니까?

문제 이해하기 ➤ 고구마 수:

한 봉지에 ☐ 개씩 ☐ 봉지

→ 전체 ☐ 개

➤ 사람 수: ☐ 명

식 세우기 (전체 고구마 수) ÷ (사람 수)

= ☐ ÷ ☐ = ☐ ··· ☐

답 구하기 한 명에게 줄 고구마 수: ☐ 개

남는 고구마 수: ☐ 개

문제를 바르게 설명한 사람이 누구인지 찾아 이름을 쓰시오.

$$55 \div 3 = \square \cdots \square$$

민주: 몫은 20보다 크구나.

성준: 나머지는 1이군. 나누어떨어지지 않아.

문제 이해하기

나눗셈의 몫과 나머지를 구해 보면

$$55 \div 3 = \boxed{} \cdots \boxed{}$$

▶ 민주: 몫이 $\boxed{}$ 이므로 20보다 (큽니다 , 작습니다).

▶ 성준: 나머지가 $\boxed{}$ 이므로 (나누어떨어집니다 , 나누어떨어지지 않습니다).

답 구하기 $\boxed{}$

---

5 문제를 바르게 설명한 사람이 누구인지 찾아 이름을 쓰시오.

$$79 \div 4 = \square \cdots \square$$

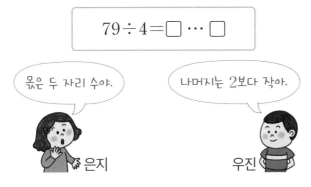

은지: 몫은 두 자리 수야.

우진: 나머지는 2보다 작아.

문제 이해하기

나눗셈의 몫과 나머지를 구해 보면

$$79 \div 4 = \boxed{} \cdots \boxed{}$$

▶ 은지: 몫이 $\boxed{}$ 이므로

(한 , 두) 자리 수입니다.

▶ 우진: 나머지는 $\boxed{}$ 이므로

2보다 (큽니다 , 작습니다).

답 구하기 $\boxed{}$

---

6 문제를 바르게 설명한 사람이 누구인지 찾아 이름을 쓰시오.

$$89 \div 5 = \square \cdots \square$$

태준: 몫은 15보다 작아.

효주: 나머지는 4야.

설민: 나누어 떨어지네.

문제 이해하기

나눗셈의 몫과 나머지를 구해 보면

$$89 \div 5 = \boxed{} \cdots \boxed{}$$

▶ 태준: 몫이 $\boxed{}$ 이므로

15보다 (큽니다 , 작습니다).

▶ 효주, 설민: 나머지는 $\boxed{}$ 이므로

(나누어떨어집니다 , 나누어떨어지지 않습니다).

답 구하기 $\boxed{}$

팔찌와 로봇은 몇 개?

나래와 희성이는 문화 센터에서 같은 시간에 만들기 수업을 듣고 있어요. 수업 시간 중 처음 15분은 설명을 듣고, 95분은 직접 만들기를 해요. 나래와 희성이는 팔찌와 로봇을 최대한 많이 만들고 싶어서 수업 시간 동안 쉬지 않고 만들었어요. 나래와 희성이가 만든 팔찌와 로봇은 몇 개인지 적고, 남은 수업 시간도 적어 주세요.

팔찌를 [ ] 개 만들었어.

수업 시간은 [ ] 분 남았네.

나래

로봇을 [ ] 개 만들었어.

수업 시간은 [ ] 분 남았네.

희성

팔찌를 하나 만드는 데 걸린 시간
7분

로봇을 하나 만드는 데 걸린 시간
8분

나눗셈

내림이 있고 나머지가 있는 (몇십몇) ÷ (몇) ❷

1

쿠키 67개를 상자에 똑같이 나누어 담으려고 합니다. 한 상자에 4개까지 담을 수 있을 때, 쿠키를 남김없이 모두 담으려면 상자는 적어도 몇 개 필요합니까?

문제 이해하기

쿠키 67개를 한 상자에 4개씩 나누어 담아 보면

쿠키 [   ] 개

 ...... 남은 쿠키?

식 세우기

(전체 쿠키 수) ÷ (한 상자에 담을 수 있는 쿠키 수)

= [   ] ÷ [   ] = [   ] ⋯ [   ]

남은 쿠키도 담을 상자가 필요해!

답 구하기

[   ] 개

2

감 87개를 봉지에 똑같이 나누어 담으려고 합니다. 한 봉지에 6개까지 담을 수 있을 때, 감을 남김없이 모두 담으려면 봉지는 적어도 몇 개 필요합니까?

문제 이해하기

식 세우기

답 구하기

3

4장의 수 카드 중에서 3장을 골라 한 번씩만 사용하여 몫이 가장 큰 (두 자리 수)÷(한 자리 수)를 만들었습니다. 만든 나눗셈의 몫과 나머지를 각각 구하시오.

| 9 | 4 | 7 | 5 |

문제 이해하기

➤ 몫이 가장 큰 나눗셈을 만들려면

나누어지는 수는 가장 (크게 , 작게), 나누는 수는 가장 (크게 , 작게) 합니다.

➤ 수 카드에 적힌 수의 크기를 비교해 보면

☐ < ☐ < ☐ < ☐

➡ 만들 수 있는 가장 큰 두 자리 수는 ☐

가장 작은 한 자리 수는 ☐

식 세우기

(가장 큰 두 자리 수)÷(가장 작은 한 자리 수)

= ☐ ÷ ☐ = ☐ … ☐

답 구하기

몫: ☐ , 나머지: ☐

4

4장의 수 카드 중에서 3장을 골라 한 번씩만 사용하여 몫이 가장 큰 (두 자리 수)÷(한 자리 수)를 만들었습니다. 만든 나눗셈의 몫과 나머지를 각각 구하시오.

| 3 | 6 | 4 | 8 |

문제 이해하기

식 세우기

답 구하기

5

⊙을 ⓒ으로 나누었을 때의 몫과 나머지를 각각 구하시오.

> • ⊙÷8=12　　• 21÷ⓒ=3

 문제 이해하기

'■÷●=▲ ➡ ■=▲×● 또는 ■÷▲=●'임을 이용하여 ⊙과 ⓒ의 값을 먼저 구합니다.

 식 세우기

• ⊙÷8=12 ➡ ⊙=□×□=□

• 21÷ⓒ=3이므로 □÷□=ⓒ ➡ ⓒ=□

➡ ⊙÷ⓒ=□÷□=□ … □

답 구하기

몫: □, 나머지: □

6

⊙을 ⓒ으로 나누었을 때의 몫과 나머지를 각각 구하시오.

> • ⊙÷3=17　　• 36÷ⓒ=9

문제 이해하기

 식 세우기

답 구하기

정답
확인

오늘 나의 실력은?　　부모님 확인

재미있는 수학 놀이터

도깨비의 나이 찾기

도깨비들은 무엇이든 잘 잊는다고 해요. 점심에 무엇을 먹었는지도 잊고, 친구와의 약속도 잊고, 자신의 나이도 잊는다고 합니다. 그래서 도깨비들은 항상 주머니에 자신의 나이에 대한 단서를 써서 가지고 다녀요. 단서를 보고 가장 나이가 많은 도깨비에 ○표 하세요.

1. 70보다 크고 80보다 작습니다.
2. 4로 나누면 나누어떨어집니다.
3. 5로 나누면 나머지가 2입니다.

1. 70보다 큰 두 자리 수입니다.
2. 9로 나누면 나누어떨어집니다.
3. 4로 나누면 나머지가 1입니다.

1. 60보다 큰 두 자리 수로, 십의 자리와 일의 자리 숫자가 같습니다.
2. 3으로 나누면 나머지가 1입니다.

나눗셈

나머지가 없는 (세 자리 수) ÷ (한 자리 수) ①

345÷3을 계산할 때에는

❶ 백의 자리에서 3을 3으로 나누고,

❷ 십의 자리에서 4를 3으로 나누고,

❸ 남은 1과 일의 자리 5를 합친 15를 3으로 나눕니다.

➡ 345÷3＝115

```
          1 1 5
    3 ) 3 4 5
        3 0 0   ←3×100
          4 5
          3 0   ←3×10
          1 5
          1 5   ←3×5
            0
```

실력 확인하기

계산을 하시오.

1

```
2 ) 2 5 8
```

2

```
3 ) 6 8 4
```

3

```
4 ) 5 5 2
```

4

```
6 ) 2 3 4
```

5

```
5 ) 3 8 0
```

6

```
7 ) 5 7 4
```

1 바구니에 담긴 땅콩 252개를 6봉지에 똑같이 나누어 담으려고 합니다. 한 봉지에 몇 개씩 담을 수 있습니까?

문제 이해하기

➤ 전체 땅콩 수: ☐ 개

➤ 봉지 수: ☐ 봉지

식 세우기

(한 봉지에 담을 수 있는 땅콩 수)＝(전체 땅콩 수)÷(봉지 수)

＝ ☐ ÷ ☐ ＝ ☐

답 구하기

☐ 개

---

2 자두 519개를 3상자에 똑같이 나누어 담으려고 합니다. 한 상자에 몇 개씩 담을 수 있습니까?

문제 이해하기 ➤ 전체 자두 수: ☐ 개

➤ 상자 수: ☐ 상자

식 세우기 (한 상자에 담을 수 있는 자두 수)

＝(전체 자두 수)÷(상자 수)

＝ ☐ ÷ ☐ ＝ ☐

답 구하기 ☐ 개

---

3 길이가 360 cm인 철사를 5도막으로 똑같이 나누려고 합니다. 자른 한 도막의 길이는 몇 cm입니까?

문제 이해하기 철사 360 cm를 5도막으로 나누어 보면

철사 ☐ cm

식 세우기 (자른 한 도막의 길이)

＝(전체 철사 길이)÷(도막 수)

＝ ☐ ÷ ☐ ＝ ☐

답 구하기 ☐ cm

4

고무찰흙 468개를 한 명당 3개씩 나누어 주려고 합니다. 고무찰흙을 몇 명에게 나누어 줄 수 있습니까?

문제 이해하기

▶ 전체 고무찰흙 수: ☐ 개

▶ 한 명당 나누어 줄 고무찰흙 수: ☐ 개

➡ 고무찰흙 468개를 3개씩 나누어 보면

고무찰흙 ☐ 개

식 세우기

(고무찰흙을 나누어 줄 수 있는 학생 수)

＝(전체 고무찰흙 수)÷(한 명당 나누어 줄 고무찰흙 수)

＝ ☐ ÷ ☐ ＝ ☐

답 구하기 ☐ 명

---

5 모눈종이 264장을 한 명당 4장씩 나누어 주려고 합니다. 모눈종이를 몇 명에게 나누어 줄 수 있습니까?

문제 이해하기 ▶ 전체 모눈종이 수: ☐ 장

▶ 한 명당 나누어 줄 모눈종이 수: ☐ 장

식 세우기 (나누어 줄 수 있는 학생 수)

＝(전체 모눈종이 수)

÷(한 명당 나누어 줄 모눈종이 수)

＝ ☐ ÷ ☐ ＝ ☐

답 구하기 ☐ 명

---

6 민호네 학교 3학년 학생들이 7명씩 앉을 수 있는 긴 의자에 모두 앉으려면 긴 의자는 적어도 몇 개가 필요합니까?

반	1	2	3	4	합계
학생 수 (명)	30	33	32	31	126

문제 이해하기 ▶ 전체 학생 수: ☐ 명

▶ 의자 한 개에 앉는 학생 수: ☐ 명

식 세우기 (필요한 의자 수)

＝(전체 학생 수)

÷(의자 한 개에 앉는 학생 수)

＝ ☐ ÷ ☐ ＝ ☐

답 구하기 ☐ 개

정답 확인   오늘 나의 실력은?   부모님 확인

욕실 타일 붙이기

토순이와 토식이가 욕실의 낡은 타일을 떼어 내고 새로 붙이는 공사를 하려고 해요. 새로 붙일 타일은 천장에서 바닥까지 똑바로 한 줄로 붙였을 때 8장이 필요하다고 합니다. 필요한 타일 수는 모두 400장이라고 할 때, 토순이와 토식이가 똑같은 수의 타일을 붙이려면 각각 몇 줄씩 붙이면 되는지 써 보세요.

우리는 각각 ☐ 줄씩 붙이면 돼.

토순   토식

(나눗셈)

나머지가 없는
(세 자리 수) ÷ (한 자리 수) ❷

공부한 날
월
일

---

1 □ 안에 들어갈 수 있는 수 중에서 가장 큰 수를 구하시오.

$$318 \div 2 > \square$$

문제 이해하기 $318 \div 2$를 계산한 다음, □ 안에 들어갈 수 있는 수를 생각해 봅니다.

식 세우기 $318 \div 2 = \boxed{}$ 이므로

$$\boxed{} > \square$$

➡ □ 안에는 $\boxed{}$ 보다 (큰 , 작은) 수가 들어갈 수 있습니다.

➡ □ = 1, 2, 3, ……, $\boxed{}$, $\boxed{}$

답 구하기 $\boxed{}$

---

2 □ 안에 들어갈 수 있는 수 중에서 가장 작은 수를 구하시오.

$$294 \div 6 < \square$$

문제 이해하기

식 세우기

답 구하기

3

길이가 784 m인 도로의 한쪽에 처음부터 끝까지 7 m 간격으로 나무를 심으려고 합니다. 나무는 모두 몇 그루 필요합니까? (단, 나무의 두께는 생각하지 않습니다.)

문제 이해하기

예 길이가 14 m인 도로의 한쪽에 7 m 간격으로 나무를 심으면

7 m
도로 길이 14 m

▶ (나무 사이의 간격 수)＝(도로 길이)÷(나무 사이의 간격)

$$= \boxed{} \div \boxed{} = \boxed{}$$

▶ (필요한 나무 수)＝(나무 사이의 간격 수)＋$\boxed{}$

$$= \boxed{} + \boxed{} = \boxed{}$$

식 세우기

길이가 784 m인 도로의 한쪽에 7 m 간격으로 나무를 심으면

(나무 사이의 간격 수)＝(도로 길이)÷(나무 사이의 간격)

$$= \boxed{} \div \boxed{} = \boxed{}$$

➡ (필요한 나무 수)＝(나무 사이의 간격 수)＋$\boxed{}$

$$= \boxed{} + \boxed{} = \boxed{}$$

답 구하기

$\boxed{}$그루

4

길이가 372 m인 도로의 한쪽에 처음부터 끝까지 6 m 간격으로 가로등을 설치하려고 합니다. 설치해야 할 가로등은 모두 몇 개입니까? (단, 가로등의 두께는 생각하지 않습니다.)

문제 이해하기

식 세우기

답 구하기

5

농장에 있는 돼지와 오리의 다리 수를 세어 보니 모두 456개입니다. 오리가 40마리라면 돼지는 몇 마리입니까?

문제 이해하기

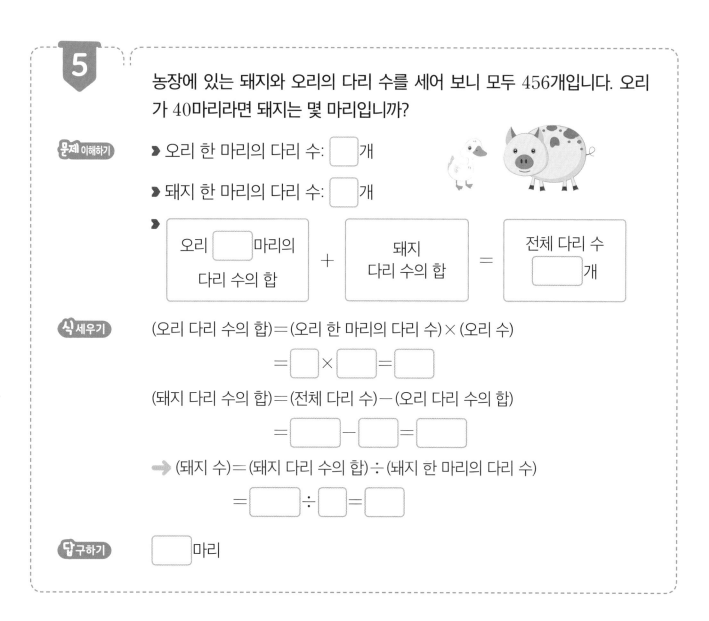

▶ 오리 한 마리의 다리 수: ☐ 개

▶ 돼지 한 마리의 다리 수: ☐ 개

▶

오리 ☐ 마리의 다리 수의 합	+	돼지 다리 수의 합	=	전체 다리 수 ☐ 개

식 세우기

(오리 다리 수의 합)＝(오리 한 마리의 다리 수)×(오리 수)

＝ ☐ × ☐ ＝ ☐

(돼지 다리 수의 합)＝(전체 다리 수)−(오리 다리 수의 합)

＝ ☐ − ☐ ＝ ☐

➡ (돼지 수)＝(돼지 다리 수의 합)÷(돼지 한 마리의 다리 수)

＝ ☐ ÷ ☐ ＝ ☐

답 구하기

☐ 마리

6

자전거 가게에 있는 두발자전거와 세발자전거의 바퀴 수를 세어 보니 모두 246개입니다. 두발자전거가 30대라면 세발자전거는 몇 대입니까?

문제 이해하기

식 세우기

답 구하기

정답 확인   오늘 나의 실력은?   부모님 확인

붕어빵 만들기

붕어빵 가게에 단체 주문이 들어왔어요. 미래초등학교 3학년 147명과 4학년 168명이 모두 하나씩 먹을 붕어빵을 3시까지 만들기로 했어요. 붕어빵 기계는 한 번에 9개씩 붕어빵을 만들 수 있어요. 주문 받은 붕어빵을 모두 만들려면 붕어빵 기계를 모두 몇 번 돌려야 하는지 쓰세요.

오늘은 엄청 바쁜 날이군.
한 번에 9개씩 만들 수 있으니까

총 ☐ 번을 돌려야 해.

나머지가 있는
(세 자리 수) ÷ (한 자리 수)

$254 \div 3$을 계산할 때에는

❶ 백의 자리에서 2를 3으로 나눌 수 없으므로

십의 자리에서 25를 3으로 나누고,

❷ 남은 1과 일의 자리 4를 합친 14를 3으로 나눕니다.

➡ $254 \div 3 = 84 \cdots 2$

```
        8  4
    ┌─────────
  3 │ 2  5  4
    │ 2  4  0   ← 3×80
    │ ───────
    │    1  4
    │    1  2   ← 3×4
    │    ──────
    │       2
```

실력 확인하기

계산을 하시오.

1
```
   ┌─────────
 2 │ 3  7  1
```

2
```
   ┌─────────
 4 │ 5  3  8
```

3
```
   ┌─────────
 3 │ 7  3  6
```

4
```
   ┌─────────
 5 │ 4  3  2
```

5
```
   ┌─────────
 9 │ 5  3  8
```

6
```
   ┌─────────
 7 │ 6  1  2
```

1

사탕 495개를 한 명당 4개씩 나누어 주려고 합니다. 몇 명에게 나누어 줄 수 있고, 몇 개가 남습니까?

문제 이해하기

❯ 전체 사탕 수: ☐ 개

❯ 한 명당 나누어 줄 사탕 수: ☐ 개

➡ 사탕 495개를 4개씩 나누어 보면

사탕 ☐ 개

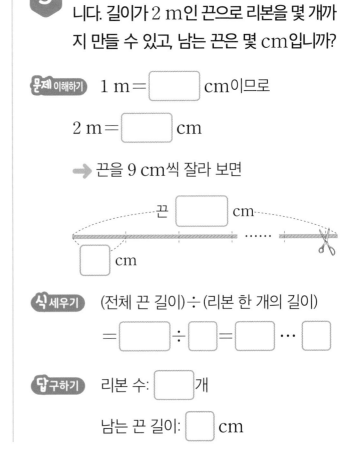

남은 사탕?

식 세우기

(전체 사탕 수) ÷ (한 명당 나누어 줄 사탕 수)

= ☐ ÷ ☐ = ☐ … ☐

답 구하기

사람 수: ☐ 명, 남는 사탕 수: ☐ 개

---

2 젤리 136개를 한 명당 5개씩 나누어 주려고 합니다. 몇 명에게 나누어 줄 수 있고, 몇 개가 남습니까?

문제 이해하기 ❯ 전체 젤리 수: ☐ 개

❯ 한 명당 나누어 줄 젤리 수: ☐ 개

식 세우기 (전체 젤리 수)

÷ (한 명당 나누어 줄 젤리 수)

= ☐ ÷ ☐ = ☐ … ☐

답 구하기 사람 수: ☐ 명

남는 젤리 수: ☐ 개

---

3 리본 한 개를 만드는 데 끈이 9 cm 필요합니다. 길이가 2 m인 끈으로 리본을 몇 개까지 만들 수 있고, 남는 끈은 몇 cm입니까?

문제 이해하기 1 m = ☐ cm이므로

2 m = ☐ cm

➡ 끈을 9 cm씩 잘라 보면

끈 ☐ cm

☐ cm

식 세우기 (전체 끈 길이) ÷ (리본 한 개의 길이)

= ☐ ÷ ☐ = ☐ … ☐

답 구하기 리본 수: ☐ 개

남는 끈 길이: ☐ cm

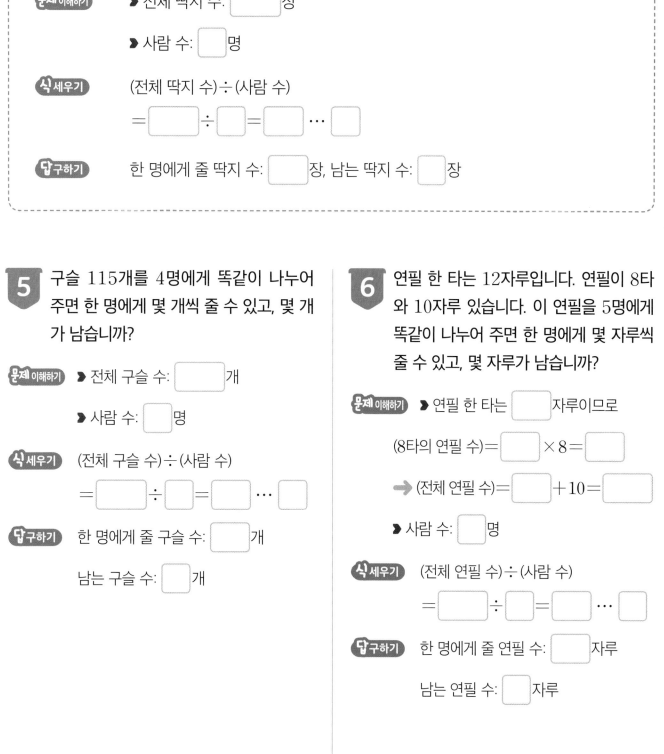

4

딱지 267장을 8명에게 똑같이 나누어 주려고 합니다. 한 명에게 몇 장씩 줄 수 있고, 몇 장이 남습니까?

문제 이해하기

➤ 전체 딱지 수: ☐ 장

➤ 사람 수: ☐ 명

식 세우기

(전체 딱지 수)÷(사람 수)

= ☐ ÷ ☐ = ☐ ⋯ ☐

답 구하기

한 명에게 줄 딱지 수: ☐ 장, 남는 딱지 수: ☐ 장

---

5 구슬 115개를 4명에게 똑같이 나누어 주면 한 명에게 몇 개씩 줄 수 있고, 몇 개가 남습니까?

문제 이해하기

➤ 전체 구슬 수: ☐ 개

➤ 사람 수: ☐ 명

식 세우기

(전체 구슬 수)÷(사람 수)

= ☐ ÷ ☐ = ☐ ⋯ ☐

답 구하기

한 명에게 줄 구슬 수: ☐ 개

남는 구슬 수: ☐ 개

---

6 연필 한 타는 12자루입니다. 연필이 8타와 10자루 있습니다. 이 연필을 5명에게 똑같이 나누어 주면 한 명에게 몇 자루씩 줄 수 있고, 몇 자루가 남습니까?

문제 이해하기

➤ 연필 한 타는 ☐ 자루이므로

(8타의 연필 수)= ☐ ×8= ☐

➡ (전체 연필 수)= ☐ +10= ☐

➤ 사람 수: ☐ 명

식 세우기

(전체 연필 수)÷(사람 수)

= ☐ ÷ ☐ = ☐ ⋯ ☐

답 구하기

한 명에게 줄 연필 수: ☐ 자루

남는 연필 수: ☐ 자루

정답 확인 · 오늘 나의 실력은? · 부모님 확인

누리의 사촌 동생들

할아버지 생신을 맞아 누리네 집에 온 가족이 모였어요. 최근 2, 3년 사이에 고모들이 각각 결혼하고 아기를 낳아 누리는 어린 사촌 동생이 셋이나 됩니다. 어른들의 대화를 잘 듣고, 사촌 동생들이 태어난 지 몇 주 며칠 되었는지 계산하여 써 보세요.

114

나눗셈

맞게 계산했는지 확인하기

나누어지는 수는 나누는 수와 몫의 곱에 나머지를 더한 값과 같습니다.

$$28 \div 3 = 9 \cdots 1$$

$$3 \times 9 = 27 \rightarrow 27 + 1 = 28$$

실력 확인하기

나눗셈식을 보고 맞게 계산했는지 확인하려고 합니다. ☐ 안에 알맞은 수를 써 넣으시오.

1 $17 \div 2 = 8 \cdots 1$

[확인] $2 \times 8 = 16 \rightarrow 16 + \boxed{} = \boxed{}$

2 $26 \div 4 = 6 \cdots 2$

[확인] $4 \times \boxed{} = \boxed{} \rightarrow \boxed{} + \boxed{} = \boxed{}$

3 $33 \div 5 = 6 \cdots 3$

[확인] $5 \times \boxed{} = \boxed{} \rightarrow \boxed{} + \boxed{} = \boxed{}$

4 $61 \div 8 = 7 \cdots 5$

[확인] $8 \times \boxed{} = \boxed{} \rightarrow \boxed{} + \boxed{} = \boxed{}$

1

어떤 나눗셈을 계산하고 계산 결과가 맞는지 확인한 식이 **보기**와 같습니다. 계산한 나눗셈식을 쓰고 몫과 나머지를 구하시오. (단, 나누는 수는 한 자리 수입니다.)

보기

$$4 \times 24 = 96 \rightarrow 96 + 1 = 97$$

문제 이해하기 나누어지는 수는 (나누는 수) $\times$ (몫)에 나머지를 더한 값과 같습니다.

➡ 나누는 수: ☐, 몫: ☐, 나머지: ☐, 나누어지는 수: ☐

답 구하기 나눗셈식: ☐, 몫: ☐, 나머지: ☐

---

2 어떤 나눗셈을 계산하고 계산 결과가 맞는지 확인한 식이 **보기**와 같습니다. 계산한 나눗셈식을 쓰고 몫과 나머지를 구하시오. (단, 나누는 수는 한 자리 수입니다.)

보기

$$5 \times 13 = 65 \rightarrow 65 + 4 = 69$$

문제 이해하기 나누어지는 수는 (나누는 수) $\times$ (몫)에 나머지를 더한 값과 같습니다.

➡ 나누는 수: ☐, 몫: ☐,

나머지: ☐, 나누어지는 수: ☐

답 구하기 나눗셈식: ☐

몫: ☐, 나머지: ☐

---

3 (두 자리 수) $\div$ (한 자리 수)의 나눗셈을 하고 맞게 계산했는지 확인한 식이 **보기**와 같습니다. 계산한 나눗셈식을 쓰고 몫과 나머지를 구하시오.

보기

$$3 \times 26 = ㉠ \rightarrow ㉠ + 2 = ㉡$$

문제 이해하기 나누어지는 수는 (나누는 수) $\times$ (몫)에 나머지를 더한 값과 같습니다.

식 세우기 $3 \times 26 =$ ☐

➡ ☐ $+ 2 =$ ☐ 이므로

나누는 수: ☐, 몫: ☐,

나머지: ☐, 나누어지는 수: ☐

답 구하기 나눗셈식: ☐

몫: ☐, 나머지: ☐

4 어떤 수를 8로 나누었더니 몫이 12, 나머지가 2가 되었습니다. 어떤 수는 얼마입니까?

문제 이해하기　나누는 수는 ☐, 몫은 ☐, 나머지는 ☐ 입니다.

식 세우기　나눗셈식을 만들어 보면

(어떤 수)÷☐=☐ … ☐

어떤 수는 (나누는 수)×(몫)에 나머지를 더한 값이므로

(나누는 수)×(몫)=☐×☐=☐

➡ (어떤 수)=☐+☐=☐

어떤 수가 나누어지는 수야!

답 구하기　☐

---

5 어떤 수를 4로 나누었더니 몫이 8, 나머지가 3이 되었습니다. 어떤 수는 얼마입니까?

문제 이해하기　나누는 수는 ☐, 몫은 ☐, 나머지는 ☐ 입니다.

식 세우기　나눗셈식을 만들어 보면

(어떤 수)÷☐=☐ … ☐

어떤 수는 (나누는 수)×(몫)에 나머지를 더한 값과 같으므로

(나누는 수)×(몫)=☐×☐=☐

➡ (어떤 수)=☐+☐=☐

답 구하기　☐

---

6 79를 어떤 수로 나누었더니 몫이 9, 나머지가 7이 되었습니다. 어떤 수는 얼마입니까?

문제 이해하기　나누어지는 수는 ☐, 몫은 ☐, 나머지는 ☐ 입니다.

식 세우기　나눗셈식을 만들어 보면

☐÷(어떤 수)=☐ … ☐

(나누는 수)×(몫)은 나누어지는 수에서 나머지를 뺀 값과 같으므로

(어떤 수)×☐=☐−☐

(어떤 수)×☐=☐

➡ (어떤 수)=☐

답 구하기　☐

오늘 나의 실력은?　부모님 확인

정답 확인

당첨 번호를 찾아라

대한이네 동네에 새로 생긴 마트에서 개업 기념으로 일주일마다 한 번씩 추첨을 해서 선물을 주어요. 그런데 당첨 번호 네 개에는 일정한 규칙이 있어요. 이 규칙을 찾아 빈칸에 들어갈 당첨 번호를 써 보세요.

	9월 당첨 번호				10월 당첨 번호			
첫째 주	11	2	5	1	345	6	57	□
둘째 주	24	5	4	4	538	8	□	2
셋째 주	114	4	□	2	672	5	134	2
넷째 주	458	3	152	□	508	9	56	4

나눗셈

단원 마무리

---

01 길이가 90 cm인 리본을 똑같이 3도막으로 잘랐습니다. 자른 리본 한 도막의 길이는 몇 cm입니까?

---

02 진영이와 민호 중 몫이 더 큰 나눗셈을 말한 사람은 누구입니까?

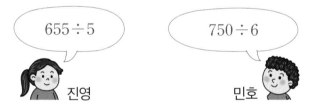

진영: $655 \div 5$

민호: $750 \div 6$

03 2부터 9까지의 수 중에서 45를 나누어떨어지게 하는 수는 모두 몇 개입니까?

04 길이가 84 m인 도로의 한쪽에 처음부터 끝까지 똑같은 간격으로 가로수를 심었습니다. 가로수를 모두 7그루 심었다면 가로수와 가로수 사이의 거리는 몇 m입니까? (단, 가로수의 두께는 생각하지 않습니다.)

05 오른쪽 그림과 같이 직사각형 모양의 천을 한 변의 길이가 4 cm인 정사각형 모양으로 자르려고 합니다. 정사각형 모양은 몇 개까지 만들 수 있습니까?

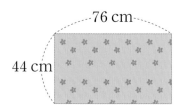

06

□ 안에 알맞은 수를 써넣으시오.

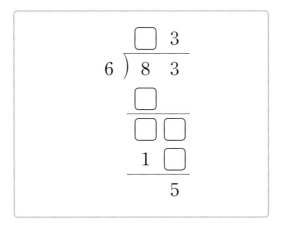

07

수아네 학교 3학년 학생들이 한 모둠에 9명씩 단체 줄넘기를 하려고 합니다. 모두 몇 모둠입니까?

반	1	2	3	4	5
학생 수(명)	28	29	28	30	29

08 수 카드를 한 번씩만 사용하여 몫이 가장 큰 (세 자리 수)÷(한 자리 수)의 나눗셈식을 만들고 몫을 구하시오.

$$\boxed{3} \quad \boxed{8} \quad \boxed{4} \quad \boxed{9}$$

09 성진이는 전체 쪽수가 187쪽인 동화책을 모두 읽으려고 합니다. 하루에 8쪽씩 읽으면 다 읽는 데 며칠이 걸립니까?

10 어떤 수에 5를 곱해야 할 것을 잘못하여 5로 나누었더니 몫이 13이고 나머지가 4였습니다. 바르게 계산한 값을 구하시오.

분수

📖 **이것을 배울 거예요!**

⚙ 부분은 전체의 얼마인지 분수로 나타내기

⚙ 전체의 분수만큼은 얼마인지 알아보기

⚙ 진분수, 가분수, 대분수 알아보기

⚙ 분모가 같은 분수의 크기 비교하기

학습 계획 세우기

공부할 내용에 대한 계획을 세우고,
학습해 보아요!

분수로 나타내기

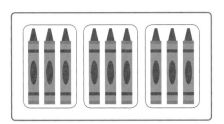

크레파스 9개를 3개씩 묶으면

6개는 3묶음 중에서 2묶음입니다.

→ 6은 9의 $\dfrac{2}{3}$ 입니다.

그림을 보고 ☐ 안에 알맞은 수를 써넣으시오.

1

야구공 6개를 2개씩 묶으면

4개는 3묶음 중에서 ☐ 묶음입니다.

→ 4는 6의 $\dfrac{\square}{\square}$ 입니다.

2

달걀 8개를 4개씩 묶으면

4개는 2묶음 중에서 ☐ 묶음입니다.

→ 4는 8의 $\dfrac{\square}{\square}$ 입니다.

3

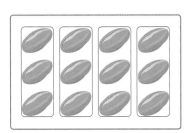

빵 12개를 3개씩 묶으면

9개는 4묶음 중에서 ☐ 묶음입니다.

→ 9는 12의 $\dfrac{\square}{\square}$ 입니다.

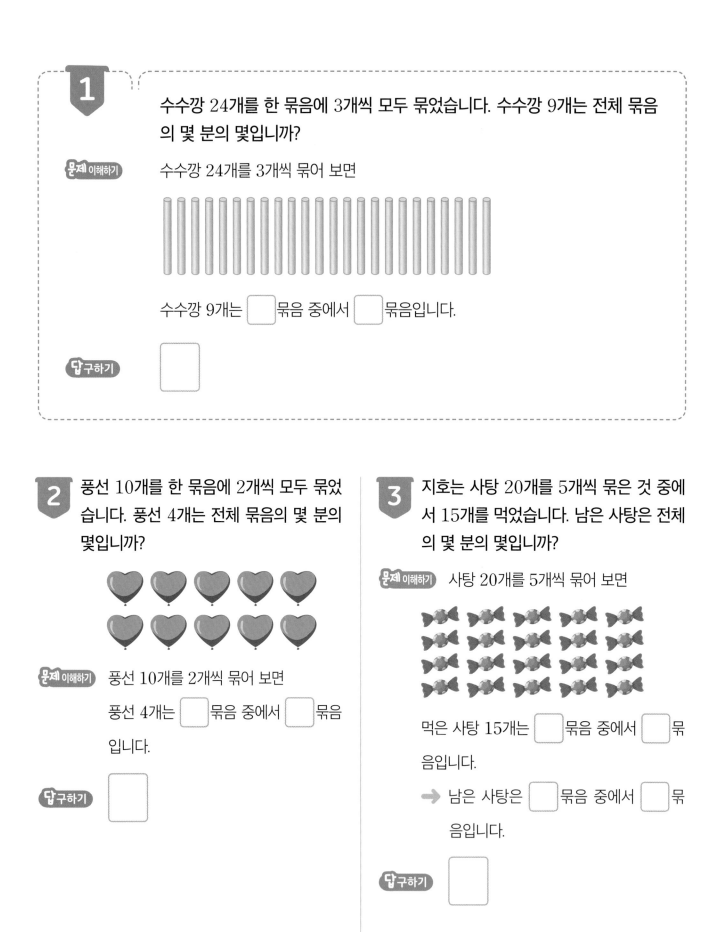

1 수수깡 24개를 한 묶음에 3개씩 모두 묶었습니다. 수수깡 9개는 전체 묶음의 몇 분의 몇입니까?

문제 이해하기 수수깡 24개를 3개씩 묶어 보면

수수깡 9개는 ☐ 묶음 중에서 ☐ 묶음입니다.

답 구하기 ☐

2 풍선 10개를 한 묶음에 2개씩 모두 묶었습니다. 풍선 4개는 전체 묶음의 몇 분의 몇입니까?

문제 이해하기 풍선 10개를 2개씩 묶어 보면

풍선 4개는 ☐ 묶음 중에서 ☐ 묶음입니다.

답 구하기 ☐

3 지호는 사탕 20개를 5개씩 묶은 것 중에서 15개를 먹었습니다. 남은 사탕은 전체의 몇 분의 몇입니까?

문제 이해하기 사탕 20개를 5개씩 묶어 보면

먹은 사탕 15개는 ☐ 묶음 중에서 ☐ 묶음입니다.

➡ 남은 사탕은 ☐ 묶음 중에서 ☐ 묶음입니다.

답 구하기 ☐

4

지우개를 5개씩 묶으면 10은 20의 ㉠이고 10개씩 묶으면 10은 20의 ㉡입니다. ㉠과 ㉡에 알맞은 분수를 각각 구하시오.

문제 이해하기

▶ 지우개는 전체 ☐ 개입니다.

❶ 지우개를 5개씩 묶어 보면

지우개 10개는 ☐ 묶음 중에서 ☐ 묶음입니다.

❷ 지우개를 10개씩 묶어 보면

지우개 10개는 ☐ 묶음 중에서 ☐ 묶음입니다.

답 구하기

㉠= ☐ , ㉡= ☐

5

우유를 2개씩 묶으면 8은 12의 ㉠이고 4개씩 묶으면 8은 12의 ㉡입니다. ㉠과 ㉡에 알맞은 분수를 각각 구하시오.

문제 이해하기

▶ 우유는 전체 ☐ 개입니다.

❶ 우유를 2개씩 묶어 보면 우유 8개는

☐ 묶음 중에서 ☐ 묶음입니다.

❷ 우유를 4개씩 묶어 보면 우유 8개는

☐ 묶음 중에서 ☐ 묶음입니다.

답 구하기 ㉠= ☐ , ㉡= ☐

6

18과 36을 각각 6씩 묶을 때 ☐ 안에 알맞은 수가 더 큰 것의 기호를 쓰시오.

㉠ 12는 18의 $\dfrac{2}{\square}$ 입니다.

㉡ 24는 36의 $\dfrac{\square}{6}$ 입니다.

문제 이해하기

㉠ 18을 6씩 묶어 보면 12는

☐ 묶음 중에서 ☐ 묶음입니다. ➡ $\dfrac{2}{\square}$

㉡ 36을 6씩 묶어 보면 24는

☐ 묶음 중에서 ☐ 묶음입니다. ➡ $\dfrac{\square}{6}$

답 구하기 ☐

비밀번호를 찾아라!

민호가 놀이터에 보물 상자 하나를 숨겨 두었어요. 그런데 보물 상자의 비밀번호를 잊어버려서 보물 상자를 열 수가 없대요. 마침 이때를 대비하여 남겨 둔 쪽지가 생각났어요. 쪽지를 보고 보물 상자를 열 수 있는 비밀번호를 써 보세요.

①, ②, ③에 알맞은 수가 바로 비밀번호!

· 36을 3씩 묶으면 15는 36의 $\dfrac{①}{12}$ 입니다.

· 36을 4씩 묶으면 16은 36의 $\dfrac{②}{9}$ 입니다.

· 36을 6씩 묶으면 18은 36의 $\dfrac{③}{6}$ 입니다.

비밀번호는
① ② ③
□ □ □ 이구나!

민호

128

(분수)

분수만큼은 얼마인지 알아보기 ❶

젤리 10개를 5묶음으로 똑같이 나누면

▸ 한 묶음은 전체의 $\dfrac{1}{5}$이고 2개입니다. ➡ 10의 $\dfrac{1}{5}$은 2입니다.

▸ 3묶음은 전체의 $\dfrac{3}{5}$이고 6개입니다. ➡ 10의 $\dfrac{3}{5}$은 6입니다.

실력 확인하기

☐ 안에 알맞은 수를 써넣으시오.

1

12의 $\dfrac{1}{4}$은 ☐입니다.

12의 $\dfrac{3}{4}$은 ☐입니다.

2

14의 $\dfrac{1}{7}$은 ☐입니다.

14의 $\dfrac{2}{7}$는 ☐입니다.

3

20의 $\dfrac{1}{5}$은 ☐입니다.

20의 $\dfrac{4}{5}$는 ☐입니다.

1

색연필이 24자루 있습니다. 이 중에서 $\frac{3}{4}$은 빨간색입니다. 빨간색 색연필은 몇 자루입니까?

문제 이해하기 빨간색 색연필 수: 색연필 ☐자루의 ☐

➡ 색연필 24자루를 4묶음으로 똑같이 나누어 보면

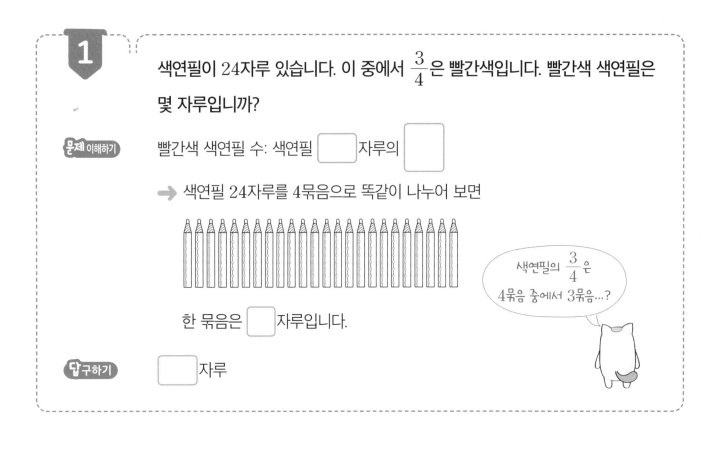

색연필의 $\frac{3}{4}$은
4묶음 중에서 3묶음...?

한 묶음은 ☐자루입니다.

답 구하기 ☐자루

2

딱지가 15장 있습니다. 이 중에서 $\frac{1}{5}$을 친구에게 주었습니다. 친구에게 준 딱지는 몇 장입니까?

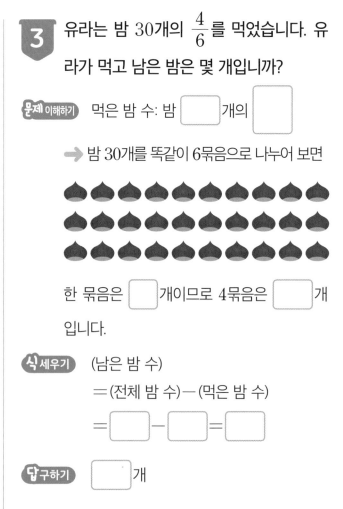

문제 이해하기 친구에게 준 딱지 수:

딱지 ☐장의 ☐

➡ 딱지 15장을 똑같이 ☐묶음으로 나누어 보면 한 묶음은 ☐장입니다.

답 구하기 ☐장

3

유라는 밤 30개의 $\frac{4}{6}$를 먹었습니다. 유라가 먹고 남은 밤은 몇 개입니까?

문제 이해하기 먹은 밤 수: 밤 ☐개의 ☐

➡ 밤 30개를 똑같이 6묶음으로 나누어 보면

한 묶음은 ☐개이므로 4묶음은 ☐개입니다.

식 세우기 (남은 밤 수)
＝(전체 밤 수)－(먹은 밤 수)
＝☐－☐＝☐

답 구하기 ☐개

4 한쪽 벽의 길이가 16 m인 사육장이 있습니다. 한쪽 벽의 길이의 $\frac{5}{8}$ 만큼 새장을 만들었습니다. 새장의 길이는 몇 m입니까?

문제 이해하기   새장의 길이: 벽의 길이 ⬜ m의 ⬜

➡ 벽의 길이 16 m를 8부분으로 똑같이 나누어 보면

0 1 2 3 4 5 6 7 8 9 10 11 12 13 14 15 16 (m)

한 부분의 길이는 ⬜ m입니다.

벽의 길이의 $\frac{5}{8}$ 만큼은 8부분 중에서 5부분…?

답 구하기   ⬜ m

---

5 한쪽 벽의 길이가 35 m인 건물이 있습니다. 한쪽 벽의 길이의 $\frac{3}{7}$ 만큼 화단을 만들었습니다. 화단의 길이는 몇 m입니까?

문제 이해하기   화단의 길이:

벽의 길이 ⬜ m의 ⬜

➡ 벽의 길이 35 m를 ⬜ 부분으로 똑같이 나누어 보면 한 부분의 길이는 ⬜ m 입니다.

답 구하기   ⬜ m

---

6 수진이는 길이가 18 cm인 색 테이프의 $\frac{1}{3}$ 만큼 사용했습니다. 수진이가 사용하고 남은 색 테이프의 길이는 몇 cm입니까?

문제 이해하기   사용한 색 테이프 길이:

색 테이프 ⬜ cm의 ⬜

➡ 색 테이프의 길이 18 cm를 3부분으로 똑같이 나눈 다음, $\frac{1}{3}$ 만큼 색칠해 보면

0 3 6 9 12 15 18 (cm)

한 부분의 길이는 ⬜ cm입니다.

식 세우기   (남은 색 테이프 길이)

＝(전체 색 테이프 길이)

－(사용한 색 테이프 길이)

＝ ⬜ － ⬜ ＝ ⬜

답 구하기   ⬜ cm

재미있는 수학 놀이터

팀 짜기

수아네 반에서는 줄다리기와 박 터트리기 경기에 참여할 선수를 뽑고 있어요. 수아네 반이 24명일 때 각 경기에 참여할 선수를 몇 명씩 더 뽑아야 하는지 쓰세요. 단, 한 종목에 참여하는 사람은 다른 종목에 참여할 수 없습니다.

〈운동회 선수 선발〉

줄다리기	우리 반 전체 학생 수의 $\frac{2}{8}$명
박 터트리기	우리 반 전체 학생 수의 $\frac{1}{2}$명

우리 넷은 줄다리기를 하자.

그럼, 힘 센 사람 ☐명이 더 필요해!

우리 다섯은 박 터트리기를 하자.

그럼, 던지기 잘하는 사람 ☐명이 더 필요해!

(분수)

분수만큼은 얼마인지 알아보기 ❷

1 조건에 맞게 나만의 규칙을 만들어 색칠하시오.

노란색: 20의 $\dfrac{2}{5}$

초록색: 20의 $\dfrac{3}{5}$

문제 이해하기 ✽ 모양 20개를 똑같이 5묶음으로 나누어 보면

한 묶음은 ☐ 개이므로 ┌ 2묶음은 ☐
                    └ ☐ 묶음은 ☐

답 구하기

2 조건에 맞게 나만의 규칙을 만들어 색칠하시오.

분홍색: 27의 $\dfrac{5}{9}$

주황색: 27의 $\dfrac{4}{9}$

문제 이해하기

답 구하기

3

18의 $\frac{1}{6}$, $\frac{5}{6}$, $\frac{2}{9}$, $\frac{7}{9}$ 만큼 되는 곳에 알맞은 글자를 찾아 □ 안에 써넣어 문장을 완성하시오.

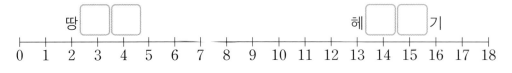

- 18의 $\frac{1}{6}$ → 짚
- 18의 $\frac{5}{6}$ → 치
- 18의 $\frac{2}{9}$ → 고
- 18의 $\frac{7}{9}$ → 엄

땅 □ □ ··· 헤 □ □ 기

0 1 2 3 4 5 6 7 8 9 10 11 12 13 14 15 16 17 18

문제 이해하기

전체의 분수가 얼마인지 구해 보면

- 짚 : 18의 $\frac{1}{6}$ → □
- 치 : 18의 $\frac{5}{6}$ → □
- 고 : 18의 $\frac{2}{9}$ → □
- 엄 : 18의 $\frac{7}{9}$ → □

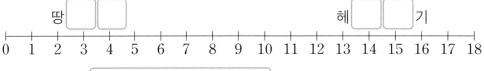

땅 □ □ ··· 헤 □ □ 기

0 1 2 3 4 5 6 7 8 9 10 11 12 13 14 15 16 17 18

답 구하기

[완성한 문장] □

4

24의 $\frac{1}{3}$, $\frac{2}{3}$, $\frac{1}{8}$, $\frac{7}{8}$ 만큼 되는 곳에 알맞은 글자를 찾아 □ 안에 써넣어 문장을 완성하시오.

- 24의 $\frac{1}{3}$ → 올
- 24의 $\frac{2}{3}$ → 각
- 24의 $\frac{1}{8}$ → 개
- 24의 $\frac{7}{8}$ → 다

□ 구 리 □ 챙 이 적 생 □ 을 못 한 □

0 1 2 3 4 5 6 7 8 9 10 11 12 13 14 15 16 17 18 19 20 21 22 23 24

문제 이해하기

답 구하기

5

문제 이해하기

정훈이는 1시간의 $\frac{3}{4}$만큼 축구를 했습니다. 축구를 한 시간은 몇 분입니까?

1시간은 ☐ 분입니다.

➡ ☐ 을 4부분으로 똑같이 나누어 보면

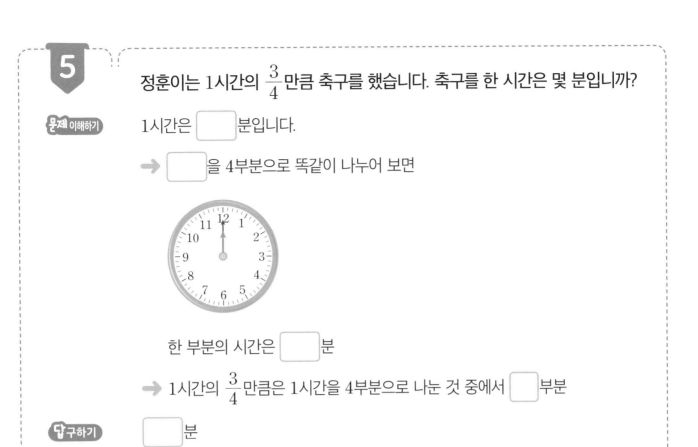

한 부분의 시간은 ☐ 분

➡ 1시간의 $\frac{3}{4}$만큼은 1시간을 4부분으로 나눈 것 중에서 ☐ 부분

답 구하기

☐ 분

6

문제 이해하기

수진이는 1시간의 $\frac{2}{3}$만큼 소설책을 읽었습니다. 소설책을 읽은 시간은 몇 분입니까?

답 구하기

정답 확인

오늘 나의 실력은?   부모님 확인

재미있는 수학 놀이터

친구들이 먹은 케이크는?

전체가 320 g인 케이크가 10등분 되어 있습니다. 이 케이크를 먹을 때에는 앞의 사람이 먹은 것보다 2조각 더 먹을 수 있다고 합니다. 세 명의 친구들이 먹은 케이크는 모두 몇 g인지 쓰고, 먹은 케이크 조각을 색칠해 보세요.

내가 제일 먼저 1조각을 먹을게.

우리 셋이 먹은 케이크는 모두 [ ] g이겠구나.

분수

여러 가지 분수 ❶

▶ 진분수: $\dfrac{1}{4}$, $\dfrac{2}{4}$, $\dfrac{3}{4}$과 같이 분자가 분모보다 **작은** 분수

▶ 가분수: $\dfrac{4}{4}$, $\dfrac{5}{4}$, $\dfrac{6}{4}$과 같이 분자가 분모와 **같거나** 분모보다 **큰** 분수

▶ 자연수: 1, 2, 3과 같은 수

▶ 대분수: $1\dfrac{3}{4}$과 같이 자연수와 진분수로 이루어진 분수

➡ 대분수를 가분수로 나타내기

$$1\dfrac{3}{4} \Rightarrow \dfrac{4}{4}\text{와} \dfrac{3}{4} \Rightarrow \dfrac{7}{4}$$

➡ 가분수를 대분수로 나타내기

$$\dfrac{7}{4} \Rightarrow \dfrac{4}{4}\text{와} \dfrac{3}{4} \Rightarrow 1\dfrac{3}{4}$$

실력 확인하기

대분수는 가분수로, 가분수는 대분수로 나타내시오.

1 $1\dfrac{1}{2} = \dfrac{\boxed{}}{2}$

2 $2\dfrac{2}{3} = \dfrac{\boxed{}}{3}$

3 $3\dfrac{1}{5} = \dfrac{\boxed{}}{5}$

4 $5\dfrac{3}{4} = \dfrac{\boxed{}}{5}$

5 $\dfrac{4}{3} = \boxed{}\dfrac{\boxed{}}{3}$

6 $\dfrac{5}{2} = \boxed{}\dfrac{\boxed{}}{2}$

7 $\dfrac{15}{4} = \boxed{}\dfrac{\boxed{}}{4}$

8 $\dfrac{14}{5} = \boxed{}\dfrac{\boxed{}}{5}$

1

보기 중에서 분모와 분자의 합이 12인 진분수를 찾아 쓰시오.

보기
$$\dfrac{7}{5} \qquad \dfrac{3}{12} \qquad \dfrac{8}{3} \qquad \dfrac{1}{11}$$

문제 이해하기 보기 중에서 분모와 분자의 합이 12인 분수는

☐ , ☐

→ 이 중에서 분자가 분모보다 (큰 , 작은) 분수를 찾아봅니다.

진분수는…?

답 구하기 ☐

---

2 보기 중에서 분모와 분자의 차가 5인 진분수를 찾아 쓰시오.

보기
$$\dfrac{11}{6} \quad \dfrac{3}{10} \quad \dfrac{2}{7} \quad \dfrac{9}{5}$$

문제 이해하기 보기 중에서 분모와 분자의 차가 5인 분수는

☐ , ☐

→ 이 중에서 분자가 분모보다 (큰 , 작은) 분수를 찾아봅니다.

답 구하기 ☐

---

3 보기 중에서 분모와 분자의 합이 17인 가분수를 찾아 쓰시오.

보기
$$\dfrac{4}{13} \quad \dfrac{6}{10} \quad \dfrac{9}{8} \quad \dfrac{2}{15}$$

문제 이해하기 보기 중에서 분모와 분자의 합이 17인 분수는

☐ , ☐ , ☐

→ 이 중에서 분자가 분모보다 (큰 , 작은) 분수를 찾아봅니다.

답 구하기 ☐

4

예주는 우유를 매일 $\frac{1}{5}$ 컵씩 마십니다. 예주가 3주 동안 매일 우유를 마셨다면 모두 몇 컵을 마신 것인지 대분수로 나타내시오.

문제 이해하기

▶ 매일 마신 우유 양: ☐ 컵

▶ 우유를 마신 날수: 3주 = ☐ 일

→ 예주가 3주 동안 마신 우유의 양은 ☐ 컵

답 구하기 ☐ 컵

---

5 준혁이는 두유를 매일 $\frac{1}{3}$ 컵씩 마십니다. 준혁이가 2주 동안 매일 두유를 마셨다면 모두 몇 컵을 마신 것인지 대분수로 나타내시오.

문제 이해하기 ▶ 매일 마신 두유 양: ☐ 컵

▶ 두유를 마신 날수: 2주 = ☐ 일

→ 준혁이가 2주 동안 마신 두유의 양은 ☐ 컵

답 구하기 ☐ 컵

---

6 자연수 부분이 3이고 진분수 부분이 $\frac{3}{4}$ 인 대분수가 있습니다. 이 대분수를 가분수로 나타내면 얼마입니까?

문제 이해하기 자연수 부분이 3이고 진분수 부분이 $\frac{3}{4}$ 인 대분수는 ☐

답 구하기 ☐

오늘 나의 실력은? 부모님 확인

정답 확인

재미있는 수학 놀이터

남은 김밥은?

운동회 연습을 하고 나서 미래와 친구들은 맛나 김밥집에 갔어요. 배가 너무 고팠던 친구들이 김밥을 6줄이나 시켰습니다. 맛나 김밥집 김밥은 모두 동일한 크기로 8조각씩 잘라져 있어요. 친구들이 먹고 남은 김밥의 양을 알맞게 표현한 친구를 모두 찾아 ○표 해 보세요.

남은 김밥을 가분수로 나타내면 $\frac{17}{8}$ 이야.

아니야. 남은 김밥을 가분수로 나타내면 $\frac{7}{8}$ 이야.

남은 김밥을 대분수로 나타내면 $2\frac{1}{8}$ 이야.

남은 김밥을 대분수로 나타내면 $1\frac{1}{8}$ 이야.

분수

여러 가지 분수 ❷

1

수직선 위에 표시된 ㉠이 나타내는 분수가 얼마인지 대분수와 가분수로 각각 나타내시오.

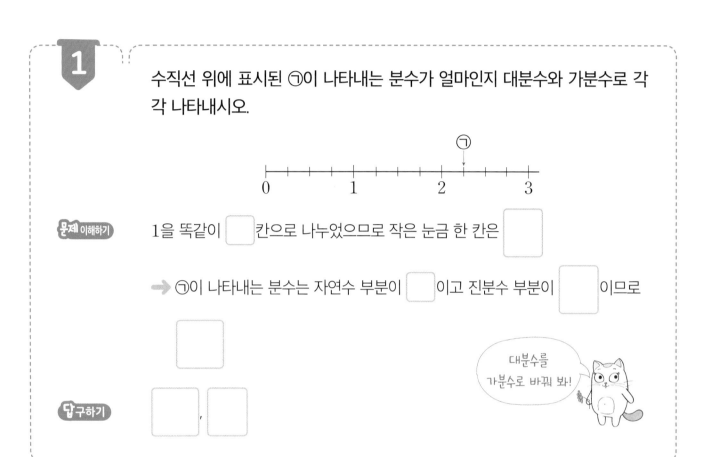

문제 이해하기

1을 똑같이 ☐ 칸으로 나누었으므로 작은 눈금 한 칸은 ☐

➡ ㉠이 나타내는 분수는 자연수 부분이 ☐ 이고 진분수 부분이 ☐ 이므로

☐

답 구하기 ☐ , ☐

대분수를
가분수로 바꿔 봐!

2

수직선 위에 표시된 ㉠이 나타내는 분수가 얼마인지 대분수와 가분수로 각각 나타내시오.

문제 이해하기

답 구하기

3

은영이는 대분수가 적힌 카드를 가지고 있습니다. 그런데 분자에 얼룩이 져서 잘 보이지 않습니다. 분자가 될 수 있는 수는 모두 몇 개입니까?

 문제 이해하기

$4\dfrac{\text{◆}}{6}$ 가 대분수이면 $\dfrac{\text{◆}}{6}$ 는 진분수이어야 하므로

◆ < ☐

➡ 분자가 될 수 있는 수는

☐ , ☐ , ☐ , ☐ , ☐

답 구하기

☐ 개

4

찬우는 대분수가 적힌 깃발을 가지고 있습니다. 그런데 깃발의 일부가 찢어져서 분자가 잘 보이지 않습니다. 분자가 될 수 있는 수는 모두 몇 개입니까?

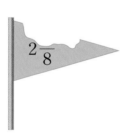

문제 이해하기

답 구하기

5 수 카드 3장을 보고 물음에 답하시오.

5   2   7

(1) 수 카드 2장을 골라 만들 수 있는 가분수를 모두 쓰시오.

(2) (1)에서 구한 가분수를 대분수로 나타내시오.

문제 이해하기

(1) $\dfrac{\bullet}{\blacksquare}$ 가 가분수이면 '● = ■ 또는 ● > ■'

➡ 수 카드 2장을 골라 만들 수 있는 가분수 중에서

분모가 2인 경우는 ☐ , ☐

분모가 5인 경우는 ☐

> 7보다 큰 수 카드는 없으므로 분모가 7인 가분수는 만들 수 없어.

답 구하기 (1) ☐ , ☐ , ☐   (2) ☐ , ☐ , ☐

---

6 수 카드 3장을 보고 물음에 답하시오.

6   7   4

(1) 수 카드 2장을 골라 만들 수 있는 가분수를 모두 쓰시오.

(2) (1)에서 구한 가분수를 대분수로 나타내시오.

문제 이해하기

답 구하기

재미있는 수학 놀이터

짝을 찾아요

가면무도회가 열리고 있어요. 가면을 쓴 사람들이 손에 쪽지를 들고 짝을 찾고 있어요. 이 가면무도회에는 특별한 규칙이 있어요. 쪽지에 적힌 가분수를 대분수로, 대분수를 가분수로 나타냈을 때 값이 같은 사람끼리 짝이 된다는 것이지요. 서로의 짝을 찾아 선으로 이어 주세요.

- 가분수입니다.
- 분자와 분모의 합은 12입니다.
- 분자와 분모의 차는 2입니다.

- 대분수입니다.
- 분모는 3입니다.
- $2\frac{1}{3}$ 보다 크고 3보다 작습니다.

- 가분수입니다.
- 분자와 분모의 합은 11입니다.
- 분자와 분모의 차는 5입니다.

- 대분수입니다.
- 분모는 5입니다.
- $\frac{6}{5}$ 보다 크고 $1\frac{3}{5}$ 보다 작습니다.

(분수)

분수의 크기 비교

❶ 분모가 같은 가분수는 분자의 크기가 큰 분수가 더 큽니다.　　➜ $\dfrac{5}{4} < \dfrac{7}{4}$

❷ 분모가 같은 대분수는

　❥ 자연수의 크기가 큰 대분수가 더 큽니다.　　➜ $2\dfrac{1}{3} > 1\dfrac{2}{3}$

　❥ 자연수의 크기가 같으면 분자의 크기가 큰 대분수가 더 큽니다. ➜ $1\dfrac{2}{5} < 1\dfrac{4}{5}$

실력 확인하기

두 분수의 크기를 비교하여 ○ 안에 >, =, < 를 써넣으시오.

1 $\dfrac{5}{2}$ ○ $\dfrac{7}{2}$ 　　　　　　**2** $\dfrac{9}{4}$ ○ $\dfrac{7}{4}$

3 $1\dfrac{3}{5}$ ○ $2\dfrac{1}{5}$ 　　　　　**4** $3\dfrac{1}{4}$ ○ $1\dfrac{3}{4}$

5 $3\dfrac{1}{3}$ ○ $3\dfrac{2}{3}$ 　　　　　**6** $4\dfrac{3}{5}$ ○ $4\dfrac{2}{5}$

7 $\dfrac{22}{7}$ ○ $2\dfrac{5}{7}$ 　　　　　**8** $\dfrac{31}{6}$ ○ $5\dfrac{5}{6}$

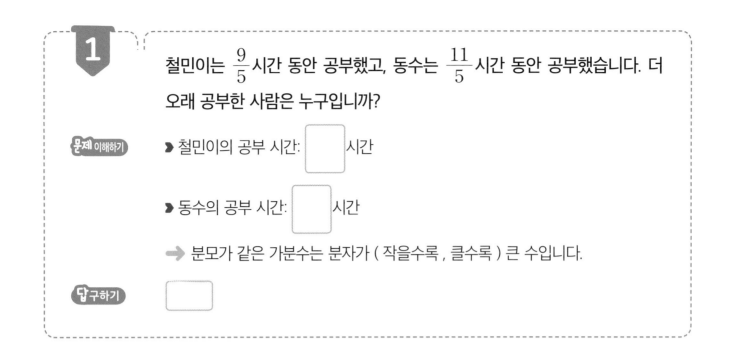

1 철민이는 $\frac{9}{5}$ 시간 동안 공부했고, 동수는 $\frac{11}{5}$ 시간 동안 공부했습니다. 더 오래 공부한 사람은 누구입니까?

문제 이해하기

▶ 철민이의 공부 시간: ☐ 시간

▶ 동수의 공부 시간: ☐ 시간

➡ 분모가 같은 가분수는 분자가 (작을수록 , 클수록) 큰 수입니다.

답 구하기 ☐

---

2 유린이는 블루베리 $2\frac{2}{5}$ 컵과 설탕 $1\frac{4}{5}$ 컵을 넣어 블루베리 잼을 만들었습니다. 블루베리와 설탕 중에서 더 많이 넣은 것은 무엇입니까?

문제 이해하기

▶ 블루베리 양: ☐ 컵

▶ 설탕 양: ☐ 컵

➡ 분모가 같은 대분수는 자연수 부분이 (작을수록 , 클수록) 큰 수입니다.

답 구하기 ☐

---

3 은영이가 가진 리본은 $4\frac{1}{3}$ m이고 태민이가 가진 리본은 $\frac{16}{3}$ m입니다. 리본이 더 긴 사람은 누구입니까?

문제 이해하기 ▶ 은영이가 가진 리본: ☐ m

▶ 태민이가 가진 리본: $\frac{16}{3}$ m

➡ 가분수 $\frac{16}{3}$ 을 대분수로 나타내 보면

☐

답 구하기 ☐

4 $1\frac{3}{8}$ 보다 크고 $2\frac{5}{8}$ 보다 작은 분수를 모두 찾아 쓰시오.

$$\frac{10}{8} \qquad 1\frac{5}{8} \qquad \frac{17}{8} \qquad 3\frac{1}{8}$$

문제 이해하기 가분수를 대분수로 나타내 보면 $\frac{10}{8}=$ ☐ , $\frac{17}{8}=$ ☐

➡ 분수를 수직선에 나타내 보면

$1\frac{3}{8}$ 보다 크고 $2\frac{5}{8}$ 보다 작은 분수

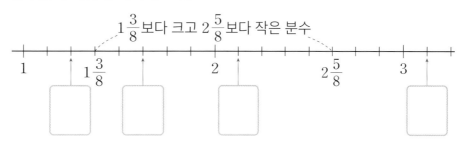

$1 \qquad 1\frac{3}{8} \qquad\qquad 2 \qquad\qquad 2\frac{5}{8} \qquad 3$

답 구하기 ☐ , ☐

---

5 $\frac{7}{6}$ 보다 크고 $\frac{14}{6}$ 보다 작은 분수를 모두 찾아 쓰시오.

$$\frac{9}{6} \qquad 1\frac{5}{6} \qquad \frac{19}{6} \qquad 2\frac{4}{6}$$

문제 이해하기 대분수를 가분수로 나타내 보면

$1\frac{5}{6}=$ ☐ , $2\frac{4}{6}=$ ☐

➡ 분수를 수직선에 나타내 보면

$\frac{7}{6}$ 보다 크고 $\frac{14}{6}$ 보다 작은 분수

$1 \quad \frac{7}{6} \qquad\quad 2 \quad \frac{14}{6} \qquad 3$

답 구하기 ☐ , ☐

---

6 $\frac{7}{4}$ 보다 크고 $3\frac{2}{4}$ 보다 작은 분수는 모두 몇 개입니까?

$$1\frac{1}{4} \quad 2\frac{1}{4} \quad \frac{11}{4} \quad \frac{13}{4} \quad 3\frac{3}{4}$$

문제 이해하기 가분수를 대분수로 나타내 보면

$\frac{7}{4}=$ ☐ , $\frac{11}{4}=$ ☐ , $\frac{13}{4}=$ ☐

➡ 분수를 수직선에 나타내 보면

$\frac{7}{4}$ 보다 크고 $3\frac{2}{4}$ 보다 작은 분수

$1 \qquad\quad 2 \qquad\quad 3 \qquad\quad 4$

답 구하기 ☐ 개

정답 확인 오늘 나의 실력은? 부모님 확인

나의 차림을 맞춰 봐!

오늘 미래는 친구들과 공원에 모여 놀기로 했어요. 미래는 꼬리표에 적힌 두 분수 중에서 더 큰 분수에 해당하는 것을 선택하기로 했어요. 과연 미래는 어떤 차림을 하고 친구들을 만났을까요? 오늘 미래의 모습에 ○표 하세요.

분수

단원 마무리

01 그림을 보고 □ 안에 알맞은 수를 구하시오.

> 15를 5씩 묶으면 □묶음이 됩니다.
>
> 10은 15의 $\dfrac{\square}{\square}$입니다.

02 정우가 오늘 먹은 간식들을 보고 물음에 답하시오.

우유	사과	도넛	피자
$\dfrac{5}{3}$컵	$\dfrac{3}{6}$개	$\dfrac{7}{7}$개	$\dfrac{1}{8}$판

(1) 먹은 양이 진분수인 간식은 무엇입니까?

(2) 먹은 양이 가분수인 간식은 무엇입니까?

03 은찬이가 딸기 21개를 3개씩 묶은 후 그중 12개를 먹었습니다. 남은 딸기는 전체의 얼마인지 분수로 나타내시오.

04 미소는 길이가 1 m인 철사를 준서와 똑같이 나누어 가진 후 그중 $\frac{4}{5}$ 를 미술 시간에 사용했습니다. 미소가 미술 시간에 사용한 철사의 길이는 몇 cm입니까?

05 유진이는 주말농장에서 고구마를 캤습니다. 캔 고구마의 $\frac{3}{5}$ 을 상자에 담았더니 15개였습니다. 유진이가 주말농장에서 캔 고구마는 모두 몇 개입니까?

06 $6\dfrac{\square}{9}$ 인 대분수 중 분자가 가장 큰 대분수를 가분수로 나타내시오.

07 다음과 같이 규칙에 따라 분수를 늘어놓았습니다. 10번째에 놓이는 분수를 대분수로 나타내시오.

$$\dfrac{2}{9}, \quad \dfrac{3}{9}, \quad \dfrac{4}{9}, \quad \dfrac{5}{9}, \quad \cdots\cdots$$

08 4장의 수 카드 중에서 2장을 골라 만들 수 있는 서로 다른 진분수는 ㉠개이고, 서로 다른 가분수는 ㉡개입니다. ㉠과 ㉡의 차를 구하시오.

$$\boxed{3} \quad \boxed{7} \quad \boxed{5} \quad \boxed{7}$$

09 두 분수의 크기를 비교하여 더 큰 분수를 □ 안에 써넣으시오.

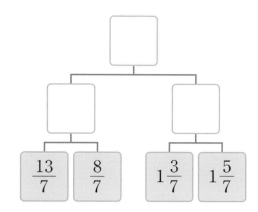

10 □ 안에 들어갈 수 있는 자연수는 모두 몇 개입니까?

$$2\frac{4}{7} < \frac{\square}{7} < 3\frac{2}{7}$$

정답 확인   오늘 나의 실력은?   부모님 확인

들이와 무게

 이것을 배울 거예요!

* 들이의 단위(L, mL)와
  무게의 단위(kg, g, t) 알아보기
* 들이의 덧셈과 뺄셈
* 무게의 덧셈과 뺄셈

학습 계획 세우기

공부할 내용에 대한 계획을 세우고,
학습해 보아요!

들이와 무게

들이 알아보기 ❶

▶ 들이의 단위에는 리터와 밀리리터 등이 있습니다.

1 리터는 **1 L**, 1 밀리리터는 **1 mL**라고 씁니다.

$$1 \text{ L} = 1000 \text{ mL}$$

▶ 들이의 덧셈과 뺄셈을 계산할 때에는 **같은 단위끼리** 계산합니다.

└→ L는 L끼리, mL는 mL끼리

	2 L	300 mL
+	1 L	400 mL
	3 L	700 mL

	4 L	500 mL
−	3 L	200 mL
	1 L	300 mL

실력
확인하기

들이의 합과 차를 구하시오.

1

	1 L	500 mL
+	3 L	200 mL

2

	4 L	100 mL
+	2 L	300 mL

3

	6 L	300 mL
+	1 L	250 mL

4

	3 L	700 mL
−	1 L	300 mL

5

	5 L	300 mL
−	2 L	100 mL

6

	9 L	670 mL
−	4 L	520 mL

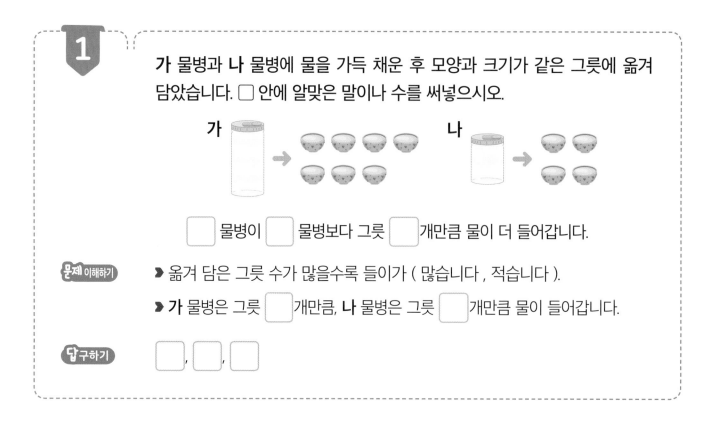

1 가 물병과 **나** 물병에 물을 가득 채운 후 모양과 크기가 같은 그릇에 옮겨 담았습니다. ☐ 안에 알맞은 말이나 수를 써넣으시오.

가 → 나 →

☐ 물병이 ☐ 물병보다 그릇 ☐ 개만큼 물이 더 들어갑니다.

문제 이해하기

▶ 옮겨 담은 그릇 수가 많을수록 들이가 (많습니다 , 적습니다).

▶ **가** 물병은 그릇 ☐ 개만큼, **나** 물병은 그릇 ☐ 개만큼 물이 들어갑니다.

답 구하기 ☐ , ☐ , ☐

---

2 가 그릇과 **나** 그릇에 물을 가득 채운 후 모양과 크기가 같은 컵에 옮겨 담았습니다. ☐ 안에 알맞은 말이나 수를 써넣으시오.

가

나

☐ 그릇이 ☐ 그릇보다 컵 ☐ 개만큼 물이 더 들어갑니다.

문제 이해하기 **가** 그릇은 컵 ☐ 개만큼,

나 그릇은 컵 ☐ 개만큼 물이 들어갑니다.

답 구하기 ☐ , ☐ , ☐

---

3 세 사람이 각자의 컵으로 똑같은 주전자에 물을 가득 채우려면 각각 다음과 같이 부어야 합니다. 누구의 컵의 들이가 가장 많습니까?

이름	우진	성민	지수
부은 횟수 (번)	6	4	9

문제 이해하기

▶ 똑같은 주전자에 물을 부을 때, 부은 횟수가 적을수록 컵의 들이가 (많습니다 , 적습니다).

▶ 세 사람의 부은 횟수를 비교해 보면 ☐ < ☐ < ☐

답 구하기 ☐

4 들이가 가장 많은 것을 찾아 쓰시오.

오렌지 주스	물뿌리개	식용유
1200 mL	2 L 300 mL	1 L 800 mL

문제 이해하기
1000 mL = ☐ L입니다.

➡ 오렌지 주스의 들이 단위를 '몇 L 몇 mL'로 바꾸어 보면

1200 mL = ☐ L ☐ mL

답 구하기 ☐

---

5 들이가 가장 적은 것을 찾아 쓰시오.

물병	로션	샴푸
1 L	260 mL	500 mL

문제 이해하기 물병의 들이 단위를 '몇 mL'로 바꾸어 보면

1 L = ☐ mL

답 구하기 ☐

---

6 들이가 많은 것부터 순서대로 기호를 쓰시오.

㉠	㉡	㉢
3 L 800 mL	6500 mL	4 L

문제 이해하기 ㉡의 들이 단위를 '몇 L 몇 mL'로 바꾸어 보면

6500 mL = ☐ L ☐ mL

답 구하기 ☐ , ☐ , ☐

필요한 양만큼의 물 떠 오기

태준이네 가족이 캠핑을 갔어요. 엄마는 고기를 굽고, 아빠는 라면을 끓이고, 누나는 밥을 짓기로 했어요. 그래서 태준이는 식수대에 가서 필요한 양만큼의 물을 떠오려고 해요. 어떤 물병에 담아 왔을 때 사용한 후 가장 적은 양의 물이 남을까요? 단, 물병에 물을 가득 채워 와야 합니다.

들이와 무게

들이 알아보기 ❷

1 물통의 들이를 더 적절히 어림한 친구는 누구입니까?

물통에
500 mL 우유갑으로 1번,
200 mL 우유갑으로 2번
들어갈 것 같아.
들이는 약 700 mL야.

혜미

물통에
1 L 우유갑으로 3번쯤
들어갈 것 같아.
들이는 약 3 L야.

은영

문제 이해하기

실제 들이와 어림한 들이의 차이가 작을수록 가깝게 어림한 것입니다.

▶ 혜미: 물통에 500 mL 우유갑으로 1번, 200 mL 우유갑으로 2번 들어가면

물통의 들이는 약 [ ] mL입니다.

▶ 은영: 물통에 1 L 우유갑으로 3번쯤 들어가면 물통의 들이는 약 [ ] L입니다.

답 구하기 [ ]

2 냄비의 들이를 더 적절히 어림한 친구는 누구입니까?

냄비에
200 mL 우유갑으로 5번쯤
들어갈 것 같아.
들이는 약 1 L야.

예림

냄비에
500 mL 우유갑으로 2번,
200 mL 우유갑으로 2번
들어갈 것 같아.
들이는 약 2 L야.

승현

문제 이해하기

답 구하기

3 지수네 가족이 우유를 어제는 1 L 600 mL 마셨고, 오늘은 2 L 300 mL 마셨습니다. 지수네 가족이 어제와 오늘 마신 우유는 모두 몇 L 몇 mL입니까?

문제 이해하기

▶ 어제 마신 우유 양: ☐ L ☐ mL

▶ 오늘 마신 우유 양: ☐ L ☐ mL

➡ 어제와 오늘 마신 우유 양을 그림으로 나타내 보면

어제 | 1 L | 600 mL |

오늘 | 1 L | 300 mL |
         | 1 L |

식 세우기 (어제와 오늘 마신 우유 양)=(어제 마신 우유 양)+(오늘 마신 우유 양)

$$= \boxed{}\ L\ \boxed{}\ mL + \boxed{}\ L\ \boxed{}\ mL$$

$$= \boxed{}\ L\ \boxed{}\ mL$$

답 구하기 ☐ L ☐ mL

---

4 노란색 페인트가 4 L, 초록색 페인트가 3 L 800 mL 있습니다. 노란색 페인트와 초록색 페인트는 모두 몇 L 몇 mL입니까?

문제 이해하기

식 세우기

답 구하기

오렌지 주스가 3 L 500 mL 있었습니다. 그중에서 1 L 400 mL를 마셨다면 남은 오렌지 주스는 몇 L 몇 mL입니까?

➤ 처음에 있던 오렌지 주스 양: ⬚ L ⬚ mL

➤ 마신 오렌지 주스 양: ⬚ L ⬚ mL

➡ 처음에 있던 오렌지 주스 양을 그림으로 나타냈을 때, 그림에서 마신 오렌지 주스 양 1 L 400 mL만큼 덜어내 보면

```
┌──────────────────────────────────────┐
│  ┌──────────────┐   ┌──────────┐      │
│  │     1 L      │   │  500 mL  │      │
│  └──────────────┘   └──────────┘      │
│  ┌──────────────┐                      │
│  │     1 L      │                      │
│  └──────────────┘                      │
│  ┌──────────────┐                      │
│  │     1 L      │                      │
│  └──────────────┘                      │
└──────────────────────────────────────┘
```

(남은 오렌지 주스 양)＝(처음에 있던 오렌지 주스 양)－(마신 오렌지 주스 양)

$$= \boxed{}\ L\ \boxed{}\ mL - \boxed{}\ L\ \boxed{}\ mL$$

$$= \boxed{}\ L\ \boxed{}\ mL$$

⬚ L ⬚ mL

간장이 5 L 700 mL 있었는데 요리를 하는 데 2 L 300 mL를 사용했습니다. 남은 간장은 몇 L 몇 mL입니까?

오늘 나의 실력은?　　부모님 확인

얼마만큼 남았을까요?

이곳은 생과일주스를 파는 곳입니다. 이곳은 손님들이 마시고 싶은 주스를 원하는 양만큼 가져갈 수 있어요. 가게에 준비되어 있는 투명컵에는 300 mL의 주스가 들어가요. 오늘도 아침에 네 명의 손님이 다녀갔어요. 손님들이 다녀간 뒤에 가장 적게 남아 있는 주스에 ○표 하세요.

들이와 무게

무게 알아보기 ①

▶ 무게의 단위에는 킬로그램과 그램 등이 있습니다.

1 킬로그램은 **1 kg**, 1 그램은 **1 g**이라고 씁니다.

$$1 \text{ kg} = 1000 \text{ g}$$

▶ 1000 kg의 무게를 **1 t**이라 쓰고

1 톤이라고 읽습니다.

$$1 \text{ t} = 1000 \text{ kg}$$

▶ 무게의 덧셈과 뺄셈을 계산할 때에는 **같은 단위끼리** 계산합니다.

└▶ kg은 kg끼리, g은 g끼리

	1 kg	300 g
+	2 kg	400 g
	3 kg	700 g

	5 kg	900 g
−	3 kg	400 g
	2 kg	500 g

실력 확인하기

무게의 합과 차를 구하시오.

1

	1 kg	500 g
+	2 kg	400 g

2

	3 kg	100 g
+	3 kg	600 g

3

	5 kg	350 g
+	4 kg	250 g

4

	3 kg	400 g
−	1 kg	300 g

5

	5 kg	700 g
−	2 kg	200 g

6

	8 kg	600 g
−	7 kg	400 g

1 저울과 바둑돌로 연필과 지우개 중 어느 것이 얼마나 더 무거운지 알아보시오.

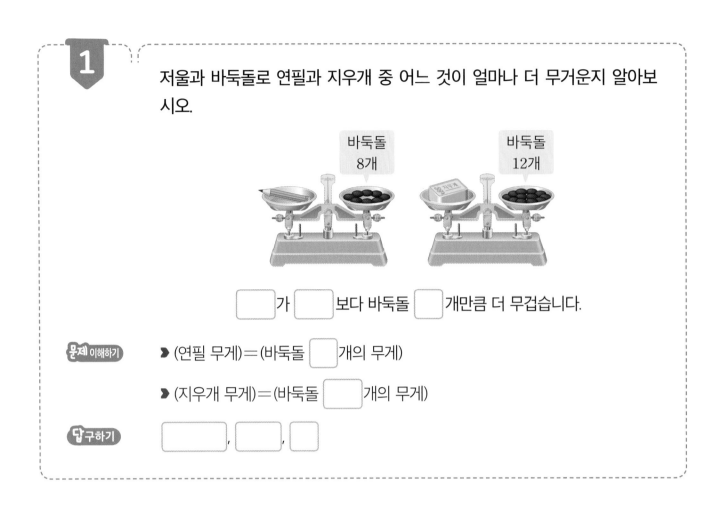

바둑돌 8개

바둑돌 12개

◻가 ◻보다 바둑돌 ◻개만큼 더 무겁습니다.

문제 이해하기 ➤ (연필 무게)＝(바둑돌 ◻개의 무게)

➤ (지우개 무게)＝(바둑돌 ◻개의 무게)

답 구하기 ◻ , ◻ , ◻

---

2 저울과 바둑돌로 딸기와 호두 중 어느 것이 얼마나 더 무거운지 알아보시오.

바둑돌 5개

바둑돌 3개

◻가 ◻보다 바둑돌

◻개만큼 더 무겁습니다.

문제 이해하기 ➤ (딸기 무게)

＝(바둑돌 ◻개의 무게)

➤ (호두 무게)

＝(바둑돌 ◻개의 무게)

답 구하기 ◻ , ◻ , ◻

---

3 저울과 100원짜리 동전으로 숟가락과 포크 중 어느 것이 얼마나 더 가벼운지 알아보시오.

100원짜리 동전 15개

100원짜리 동전 12개

◻가 ◻보다 100원짜리

동전 ◻개만큼 더 가볍습니다.

문제 이해하기 ➤ (숟가락 무게)

＝(100원짜리 동전 ◻개의 무게)

➤ (포크 무게)

＝(100원짜리 동전 ◻개의 무게)

답 구하기 ◻ , ◻ , ◻

4

단위가 바르지 않은 문장을 찾아 바르게 고치시오.

- 무 한 개의 무게는 약 900 kg입니다.
- 3 kg 200 g은 3200 g입니다.

문제 이해하기

- 1 kg은 설탕 한 봉지의 무게이므로 무 한 개의 무게로 약 900 kg은 (적절합니다 , 적절하지 않습니다).

설탕 1 kg

- 1 kg = ☐ g이므로 3 kg 200 g은 ☐ g입니다.

답 구하기
☐

5

단위가 바르지 않은 문장을 찾아 바르게 고치시오.

- 축구공의 무게는 약 450 g입니다.
- 4 t 40 kg은 4400 kg입니다.

문제 이해하기

- 1 kg은 설탕 한 봉지의 무게이므로 축구공의 무게로 약 450 g은 (적절합니다 , 적절하지 않습니다).
- 1 t = ☐ kg이므로

  4 t 40 kg은 ☐ kg입니다.

답 구하기
☐

6

단위를 바르지 않게 말한 친구를 모두 찾아 쓰고, 바르게 고치시오.

민우: 양배추 한 통의 무게는 약 2 t이야.
서진: 7 kg 200 g은 7200 g이야.
정현: 5 t은 5000 g이야.

문제 이해하기

▶ 민우: 1 t은 1 t 트럭에 실을 수 있는 무게이므로

1 t 트럭

양배추 한 통의 무게로 2 t은
(적절합니다 , 적절하지 않습니다).

▶ 서진: 7 kg 200 g은 ☐ g입니다.

▶ 정현: 5 t은 ☐ kg입니다.

답 구하기 ☐ , ☐

☐

정답 확인   오늘 나의 실력은? | 부모님 확인

엘리베이터 타기

숲속 동물 친구들이 서울 구경을 왔어요. 전망대에 올라가 서울의 야경을 내려다 보려고 합니다. 동물 친구들은 혼자서 엘리베이터 타는 것을 무서워해요. 그래서 넷이 모두 함께 엘리베이터를 타려고 해요. 어떤 엘리베이터를 탈 수 있는지 찾아 ○표 하세요.

1번 — 전체 합이 2 kg을 넘으면 안 됩니다!

2번 — 전체 합이 3 kg을 넘으면 안 됩니다!

3번 — 전체 합이 4 kg을 넘으면 안 됩니다!

내 몸무게는 345 g이고, 동생의 몸무게는 265 g이야.

나는 1065 g이야.

나는 너희들보다 덩치가 커서 2 kg 150 g이야.

들이와 무게

무게 알아보기 ❷

1

은지 어머니께서는 감자 2 kg 500 g과 고구마 3 kg 400 g을 사 오셨습니다. 은지 어머니께서 사 온 감자와 고구마는 모두 몇 kg 몇 g입니까?

문제 이해하기

▶ 감자 무게: ☐ kg ☐ g

▶ 고구마 무게: ☐ kg ☐ g

➡ 감자와 고구마 무게를 그림으로 나타내 보면

| 감자 | 1 kg | 500 g |
| | 1 kg | |

고구마	1 kg	400 g
	1 kg	
	1 kg	

식 세우기

(감자와 고구마 무게)＝(감자 무게)＋(고구마 무게)

＝ ☐ kg ☐ g＋ ☐ kg ☐ g

＝ ☐ kg ☐ g

답 구하기

☐ kg ☐ g

2

냉장고에 돼지고기 1 kg과 소고기 2 kg 600 g이 있습니다. 냉장고에 있는 돼지고기와 소고기는 모두 몇 kg 몇 g입니까?

문제 이해하기

식 세우기

답 구하기

밀가루가 3 kg 700 g 있었습니다. 그중에서 1 kg 300 g을 빵을 만드는 데 사용했다면 남은 밀가루는 몇 kg 몇 g입니까?

문제 이해하기

▶ 처음에 있던 밀가루 무게: ☐ kg ☐ g

▶ 빵을 만드는 데 사용한 밀가루 무게: ☐ kg ☐ g

→ 처음에 있던 밀가루 무게를 그림으로 나타냈을 때, 그림에서 사용한 밀가루 무게 1 kg 300 g만큼 덜어내 보면

1 kg	700 g
1 kg	
1 kg	

 식 세우기

(남은 밀가루 무게)=(처음에 있던 밀가루 무게)—(사용한 밀가루 무게)

= ☐ kg ☐ g — ☐ kg ☐ g

= ☐ kg ☐ g

 답 구하기

☐ kg ☐ g

4

딸기가 4 kg 600 g 있었습니다. 그중에서 3 kg을 딸기 주스를 만드는 데 사용했다면 남은 딸기는 몇 kg 몇 g입니까?

문제 이해하기

식 세우기

 답 구하기

5

수아와 효주가 딴 포도를 합하면 무게가 26 kg입니다. 수아가 딴 포도의 무게는 효주가 딴 포도의 무게보다 4 kg 더 무겁습니다. 수아가 딴 포도의 무게는 몇 kg입니까?

 이해하기

▶ 수아와 효주가 딴 포도 무게의 합: ☐ kg

▶ 수아가 딴 포도 무게: 효주가 딴 포도 무게보다 ☐ kg 더 무겁습니다.

➡ 수아와 효주가 딴 포도 무게의 합이 26 kg이 되도록 표를 완성해 보면

수아가 딴 포도 무게(kg)	13	14	15	16
효주가 딴 포도 무게(kg)				
포도 무게의 차(kg)				

 답구하기 ☐ kg

무게의 차가 4 kg인 경우는…?

6

설탕과 소금의 무게는 모두 18 kg입니다. 설탕의 무게는 소금의 무게보다 6 kg 더 무겁습니다. 설탕의 무게는 몇 kg입니까?

 이해하기

답구하기

초콜릿 상자의 무게는?

민아가 초콜릿 선물을 받았어요. 9개의 초콜릿이 담긴 상자의 무게는 1 kg 550 g 이고, 상자만의 무게는 650 g입니다. 민아는 3개의 초콜릿을 먹고 엄마에게 1개, 동생에게 2개를 주었어요. 상자에 남은 초콜릿의 개수만큼 그려 보세요. 그리고 남은 초콜릿이 담긴 상자의 무게를 써 보세요. 단, 9개의 초콜릿은 모양은 달라도 무게는 똑같습니다.

남은 초콜릿이 담긴 상자의 무게는

[   ] g입니다.

단원 마무리

01 들이의 단위를 잘못 사용한 친구는 누구입니까?

음료수 캔의 들이는 약 180 mL야.
은서

수족관의 들이는 약 800 L야.
준영

머그 컵의 들이는 약 250 L야.
찬성

02 무게가 같은 참외 4개를 저울에 올려놓고 무게를 재었더니 그림과 같았습니다. 참외 4개의 무게는 몇 kg 몇 g입니까?

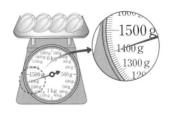

03 수조와 양동이에 물을 가득 채우려면 ㉮ 컵과 ㉯ 컵으로 각각 다음과 같이 부어야 합니다. 바르게 이야기한 친구는 누구입니까?

	㉮ 컵	㉯ 컵
수조	3개	5개
양동이	6개	10개

양동이보다 수조에 물을 더 많이 담을 수 있어.
은지

㉮ 컵과 ㉯ 컵 중에 들이가 더 적은 컵은 ㉯ 컵이야.
세진

수조의 들이는 양동이 들이의 2배야.
지현

04 200 mL 들이의 컵과 1 L 들이의 물병을 이용하여 수조에 1 L 600 mL의 물을 담으려고 합니다. 물을 담을 수 있는 방법을 설명하시오.

05 들이가 19 L 200 mL인 빈 항아리에 물을 13 L 800 mL 부었습니다. 항아리에 물을 가득 채우려면 물을 몇 L 몇 mL 더 부어야 합니까?

06 포도 주스 1병은 값이 3000원이고 양이 1 L 400 mL입니다. 사과 주스 1병은 값이 1500원이고 양이 600 mL입니다. 3000원으로 더 많은 양의 주스를 사는 방법은 무엇입니까?

07 배추, 당근, 가지의 무게를 다음과 같이 비교했습니다. 1개의 무게가 무거운 순서대로 쓰시오.

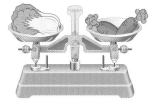 

08 주영이의 몸무게는 37 kg 700 g입니다. 민아의 몸무게는 주영이의 몸무게보다 5 kg 500 g 더 무겁습니다. 민아의 몸무게는 몇 kg 몇 g입니까?

09 다음은 연수가 장바구니에 담은 물건의 무게입니다. 연수가 담은 물건의 무게를 이용하여 무게의 뺄셈 문제를 만들고 답을 구하시오.

물건	무게
호박	800 g
버섯	400 g
닭고기	2 kg 100 g
양파	1 kg 900 g

10 다음은 하루네 마을 세 가구의 쌀 수확량입니다. 수확한 쌀을 모두 보관하려면 4 t까지 보관할 수 있는 창고가 적어도 몇 채 필요한지 구하시오.

가구 이름	하루네	아영이네	하오네
수확량(kg)	3840	2700	3460

MEMO

MEMO

하루 한장 쏙셈＋ 붙임딱지

하루의 학습이 끝날 때마다 붙임딱지를 붙여 하늘 위 비행기를 꾸며 보아요!

퍼즐 학습으로 재미있게 초등 어휘력을 키우자!

하루 4개씩
25일 완성!

어휘력을 키워야 문해력이 자랍니다.
문해력은 국어는 물론 모든 공부의 기본이 됩니다.

퍼즐런 시리즈로
재미와 학습 효과 두 마리 토끼를 잡으며,
문해력과 함께 공부의 기본을
확실하게 다져 놓으세요.

Fun! Puzzle! Learn!
재미있게!　　　퍼즐로!　　　배워요!

미래엔 초등 도서 목록

초코

교과서 달달 쓰기 · 교과서 달달 풀기
1~2학년 국어 · 수학 교과 학습력을 향상시키고
초등 코어를 탄탄하게 세우는 기본 학습서
[4책] 국어 1~2학년 학기별
[4책] 수학 1~2학년 학기별

미래엔 교과서 길잡이, 초코
초등 공부의 핵심[CORE]를 탄탄하게 해 주는
슬림 & 심플한 교과 필수 학습서
[8책] 국어 3~6학년 학기별, [8책] 수학 3~6학년 학기별
[8책] 사회 3~6학년 학기별, [8책] 과학 3~6학년 학기별

전과목 단원평가
빠르게 단원 핵심을 정리하고, 수준별 문제로 실전력을 키우는
교과 평가 대비 학습서
[8책] 3~6학년 학기별

문제 해결의 길잡이

원리 8가지 문제 해결 전략으로 문장제와 서술형 문제 정복
[12책] 1~6학년 학기별

심화 문장제 유형 정복으로 초등 수학 최고 수준에 도전
[6책] 1~6학년 학년별

퍼즐런

초등 필수 어휘를 퍼즐로 재미있게 익히는 학습서
[3책] 사자성어, 속담, 맞춤법

하루한장 예비 초등

한글완성
초등학교 입학 전 한글 읽기·쓰기 동시에 끝내기
[3책] 기본 자모음, 받침, 복잡한 자모음

예비초등
기본 학습 능력을 향상하며 초등학교 입학을 준비하기
[2책] 국어, 수학

하루한장 독해

독해 시작편
초등학교 입학 전 기본 문해력 익히기 30일 완성
[2책] 문장으로 시작하기, 짧은 글 독해하기

어휘
문해력의 기초를 다지는 초등 필수 어휘 학습서
[6책] 1~6학년 단계별

독해
국어 교과서와 연계하여 문해력의 기초를 다지는 독해 기본서
[6책] 1~6학년 단계별

독해+플러스
본격적인 독해 훈련으로 문해력을 향상시키는 독해 실전서
[6책] 1~6학년 단계별

비문학 독해 (사회편·과학편)
비문학 독해로 배경지식을 확장하고 문해력을 완성시키는
독해 심화서
[사회편 6책, 과학편 6책] 1~6학년 단계별

하루 한장 쏙셈+ 플러스

바른답·알찬풀이

6 권 | 초등 수학 3-2

Mirae N 에듀

바른답·알찬풀이로

문제를 이해하고 식을 세우는 과정을 확인하여

문제 해결력과 연산 응용력을 높여요!

1주 1일 [금생] 올림이 없는 (세 자리 수) × (한 자리 수)

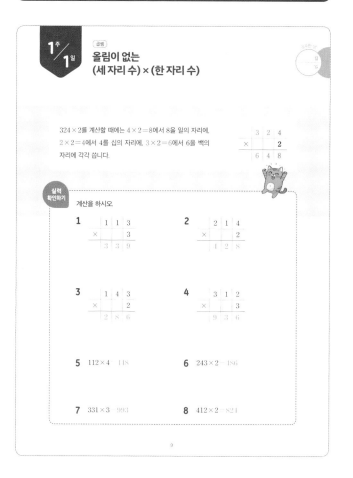

324×2를 계산할 때에는 4×2=8에서 8을 일의 자리에, 2×2=4에서 4를 십의 자리에, 3×2=6에서 6을 백의 자리에 각각 씁니다.

$$
\begin{array}{r}
3\ 2\ 4 \\
\times\ \ \ \ 2 \\
\hline
6\ 4\ 8
\end{array}
$$

실력 확인하기 계산을 하시오.

1
$$
\begin{array}{r}
1\ 1\ 3 \\
\times\ \ \ \ 3 \\
\hline
3\ 3\ 9
\end{array}
$$

2
$$
\begin{array}{r}
2\ 1\ 4 \\
\times\ \ \ \ 2 \\
\hline
4\ 2\ 8
\end{array}
$$

3
$$
\begin{array}{r}
1\ 4\ 3 \\
\times\ \ \ \ 2 \\
\hline
2\ 8\ 6
\end{array}
$$

4
$$
\begin{array}{r}
3\ 1\ 2 \\
\times\ \ \ \ 3 \\
\hline
9\ 3\ 6
\end{array}
$$

5 112×4 = 448

6 243×2 = 486

7 331×3 = 993

8 412×2 = 824

9

---

1 방울토마토가 한 상자에 132개씩 들어 있습니다. 3상자에는 방울토마토가 모두 몇 개 들어 있습니까?

문제 이해하기
▶ 한 상자에 들어 있는 방울토마토 수: 132 개
▶ 방울토마토가 들어 있는 상자 수: 3 상자
➡ 전체 방울토마토 수를 모형으로 나타내 보면

100×3 = 300
30×3 = 90
2×3 = 6
132×3 = 396

식 세우기 (전체 방울토마토 수)=(한 상자에 들어 있는 방울토마토 수)×(상자 수)
= 132 × 3 = 396

답 구하기 396 개

2 구슬이 한 상자에 213개씩 들어 있습니다. 2상자에는 구슬이 모두 몇 개 들어 있습니까?

문제 이해하기
▶ 한 상자에 들어 있는 구슬 수: 213 개
▶ 구슬이 들어 있는 상자 수: 2 상자

식 세우기 (전체 구슬 수)
=(한 상자에 들어 있는 구슬 수) ×(상자 수)
= 213 × 2 = 426

답 구하기 426 개

3 책이 책꽂이 한 개에 210권씩 꽂혀 있습니다. 책꽂이 4개에는 책이 모두 몇 권 꽂혀 있습니까?

문제 이해하기
▶ 책꽂이 한 개에 꽂혀 있는 책 수: 210 권
▶ 책꽂이 수: 4 개

식 세우기 (전체 책 수)
=(책꽂이 한 개에 꽂혀 있는 책 수) ×(책꽂이 수)
= 210 × 4 = 840

답 구하기 840 권

10

---

4 수지네 집에서 학교까지의 거리는 221 m입니다. 수지네 집에서 공원까지의 거리는 학교까지의 거리의 4배입니다. 수지네 집에서 공원까지의 거리는 몇 m입니까?

문제 이해하기
▶ 수지네 집에서 학교까지의 거리: 221 m
▶ 수지네 집에서 공원까지의 거리: 집에서 학교까지의 거리의 4 배
➡ 수지네 집에서 학교와 공원까지의 거리를 수직선에 나타내 보면

식 세우기 (수지네 집에서 공원까지의 거리)=(수지네 집에서 학교까지의 거리)× 4
= 221 × 4 = 884

답 구하기 884 m

5 영규네 집에서 경찰서까지의 거리는 321 m입니다. 영규네 집에서 소방서까지의 거리는 경찰서까지의 거리의 3배입니다. 영규네 집에서 소방서까지의 거리는 몇 m입니까?

문제 이해하기
▶ 영규네 집에서 경찰서까지의 거리: 321 m
▶ 영규네 집에서 소방서까지의 거리: 집에서 경찰서까지의 거리의 3 배

식 세우기 (영규네 집에서 소방서까지의 거리)
=(집에서 경찰서까지의 거리)× 3
= 321 × 3 = 963

답 구하기 963 m

6 윤지네 집에서 이모 댁까지의 거리는 104 km입니다. 윤지네 집에서 할아버지 댁까지의 거리는 이모 댁까지의 거리의 2배입니다. 윤지네 집에서 할아버지 댁까지의 거리는 몇 km입니까?

문제 이해하기
▶ 윤지네 집에서 이모 댁까지의 거리: 104 km
▶ 윤지네 집에서 할아버지 댁까지의 거리: 집에서 이모 댁까지의 거리의 2 배

식 세우기 (윤지네 집에서 할아버지 댁까지의 거리)
=(집에서 이모 댁까지의 거리)× 2
= 104 × 2 = 208

답 구하기 208 km

11

재미있는 수학 놀이터 선물 상자 포장하기

하진이가 친구들에게 줄 선물을 상자에 담아 끈으로 묶고 있어요. 하진이가 가지고 있는 끈의 길이는 500 cm이고, 선물 상자 하나를 묶을 때 사용된 끈의 길이는 121 cm입니다. 하진이에게 남은 끈의 길이는 몇 cm인지 빈칸에 알맞은 수를 쓰세요.

121 × 3 = 363
3상자를 묶을 때 사용한 끈의 길이는 363 cm야. 그러니까 남은 끈의 길이는 137 cm야.
500 - 363 = 137

12

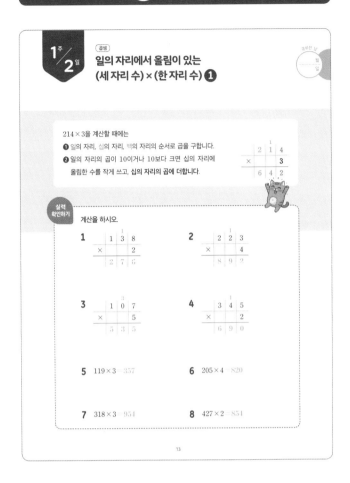

1주/2일

(급생)
**일의 자리에서 올림이 있는
(세 자리 수) × (한 자리 수) ❶**

214 × 3을 계산할 때에는
❶ 일의 자리, 십의 자리, 백의 자리의 순서로 곱을 구합니다.
❷ 일의 자리의 곱이 10이거나 10보다 크면 십의 자리에
올림한 수를 작게 쓰고, 십의 자리의 곱에 더합니다.

$$\begin{array}{r} {}^{1}\ \\ 2\ 1\ 4 \\ \times \qquad 3 \\ \hline 6\ 4\ 2 \end{array}$$

실력 확인하기

계산을 하시오.

1.
$$\begin{array}{r} 1\ 3\ 8 \\ \times \qquad 2 \\ \hline 2\ 7\ 6 \end{array}$$

2.
$$\begin{array}{r} 2\ 2\ 3 \\ \times \qquad 4 \\ \hline 8\ 9\ 2 \end{array}$$

3.
$$\begin{array}{r} {}^{3} \\ 1\ 0\ 7 \\ \times \qquad 5 \\ \hline 5\ 3\ 5 \end{array}$$

4.
$$\begin{array}{r} {}^{1} \\ 3\ 4\ 5 \\ \times \qquad 2 \\ \hline 6\ 9\ 0 \end{array}$$

5. $119 \times 3 = 357$

6. $205 \times 4 = 820$

7. $318 \times 3 = 954$

8. $427 \times 2 = 854$

13

1
곰 인형을 하루에 218개씩 만드는 공장이 있습니다. 이 공장에서 2일 동안 만들 수 있는 곰 인형은 모두 몇 개입니까?

문제 이해하기
▶ 하루에 만드는 곰 인형 수: [218] 개
▶ 곰 인형을 만드는 날수: [2] 일
➡ 2일 동안 만드는 곰 인형 수를 수 모형으로 나타내 보면

$200 \times 2 = $ [400]
$10 \times 2 = $ [20]
$8 \times 2 = $ [16]
$218 \times 2 = $ [436]

식 세우기
(2일 동안 만들 수 있는 곰 인형 수)=(하루에 만드는 곰 인형 수)×(날수)
= [218] × [2] = [436]

답 구하기 [436] 개

2
마카롱을 하루에 116개씩 만드는 제과점이 있습니다. 이 제과점에서 5일 동안 만들 수 있는 마카롱은 모두 몇 개입니까?

문제 이해하기
▶ 하루에 만드는 마카롱 수: [116] 개
▶ 마카롱을 만드는 날수: [5] 일

식 세우기
(5일 동안 만들 수 있는 마카롱 수)
=(하루에 만드는 마카롱 수)×(날수)
= [116] × [5] = [580]

답 구하기 [580] 개

3
주현이는 소설책을 일주일에 305쪽씩 읽으려고 합니다. 3주 동안 읽을 수 있는 소설책은 모두 몇 쪽입니까?

문제 이해하기
▶ 일주일에 읽을 소설책 쪽수: [305] 쪽
▶ 소설책을 읽을 기간: [3] 주

식 세우기
(3주 동안 읽을 소설책 쪽수)
=(일주일에 읽을 소설책 쪽수)×[3]
= [305] × [3] = [915]

답 구하기 [915] 쪽

14

4
모든 변의 길이가 같은 삼각형이 있습니다. 이 삼각형의 한 변의 길이가 114 cm일 때, 세 변의 길이의 합은 몇 cm입니까?

문제 이해하기
▶ 세 변의 길이가 모두 같습니다.
▶ 삼각형의 한 변의 길이: [114] cm
➡ 삼각형의 세 변을 겹치지 않게 이어 붙인 것을 수직선에 나타내 보면

삼각형의 한 변
114 cm

식 세우기
(삼각형의 세 변의 길이의 합)=(한 변의 길이)× [3]
= [114] × [3] = [342]

답 구하기 [342] cm

5
모든 변의 길이가 같은 육각형이 있습니다. 이 육각형의 한 변의 길이가 105 cm일 때, 여섯 변의 길이의 합은 몇 cm입니까?

문제 이해하기 ▶ 여섯 변의 길이가 모두 같습니다.
▶ 육각형의 한 변의 길이: [105] cm

식 세우기
(육각형의 여섯 변의 길이의 합)
=(한 변의 길이)× [6]
= [105] × [6] = [630]

답 구하기 [630] cm

6
민주는 철사로 한 변의 길이가 217 cm인 정사각형을 만들려고 합니다. 필요한 철사의 길이는 몇 cm입니까?

문제 이해하기
▶ 정사각형의 네 변의 길이는 모두
(같습니다. , 다릅니다).
▶ 정사각형의 한 변의 길이:
[217] cm

식 세우기
(정사각형의 네 변의 길이의 합)
=(한 변의 길이)× [4]
= [217] × [4] = [868]

답 구하기 [868] cm

15

재미있는 수학 놀이터

총 꽃의 개수는?

오늘은 증조할머니의 백여덟 번째 생신이에요. 꽃을 좋아하는 할머니를 위해 소연, 하연, 미연은 각각 꽃바구니를 준비했어요. 각 꽃바구니에는 할머니의 나이만큼의 꽃이 담겨 있어요. 세 사람이 준비한 꽃은 모두 몇 송이인지 빈칸에 써 보세요.

소연   하연   미연

소연, 하연, 미연이가 준비한 꽃은
모두 [324] 송이야.
$108 \times 3 = 324$

16

2

1주
3일

(곱셈)
일의 자리에서 올림이 있는
(세 자리 수) × (한 자리 수) ❷

1 설명하는 수를 4배 한 수는 얼마입니까?

100이 1개, 10이 1개, 1이 6개인 수

문제 이해하기 설명하는 수를 나타내 보면

100이 1개 → 100
10이 1개 → 10
1이 6개 → 6
116

식 세우기 설명하는 수를 4배 한 수는

116 × 4 = 464

답 구하기 464

2 설명하는 수를 2배 한 수는 얼마입니까?

100이 2개, 10이 2개, 1이 8개인 수

문제 이해하기 설명하는 수를 나타내 보면

100이 2개 → 200
10이 2개 → 20
1이 8개 → 8
228

식 세우기 설명하는 수를 2배 한 수는

228 × 2 = 456

답 구하기 456

17

3 귤을 3학년 학생 모두에게 한 명당 2개씩 주려고 합니다. 귤은 모두 몇 개가 필요합니까?

반	1	2	3	4	5	합계
학생 수(명)	27	25	26	25	26	129

문제 이해하기
▶ 3학년 전체 학생 수: 129 명
▶ 한 명에게 주는 귤 수: 2 개
➡ 필요한 귤 수를 그림으로 나타내 보면

전체 129 명

식 세우기 (필요한 귤 수) = (3학년 전체 학생 수) × (한 명에게 주는 귤 수)
= 129 × 2 = 258

답 구하기 258 개

4 연필을 3학년 학생 모두에게 한 명당 3자루씩 주려고 합니다. 연필은 모두 몇 자루가 필요합니까?

반	1	2	3	4	5	합계
학생 수(명)	25	27	26	24	25	127

문제 이해하기
▶ 3학년 전체 학생 수: 127명
▶ 한 명에게 주는 연필 수: 3자루
➡ 필요한 연필 수를 그림으로 나타내 보면

전체 127명

식 세우기 (필요한 연필 수) = (3학년 전체 학생 수) × (한 명에게 주는 연필 수)
= 127 × 3 = 381

답 구하기 381자루

18

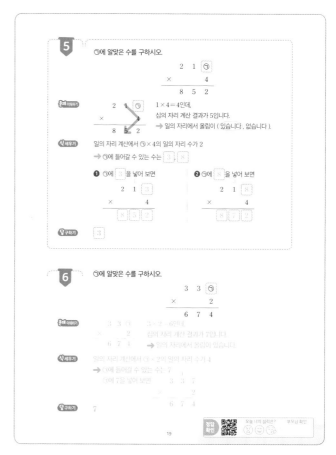

5 ⑤에 알맞은 수를 구하시오.

```
    2 1 ⑤
  ×     4
  8 5 2
```

문제 이해하기
```
  2 1 ⑤
×     4
8 5 2
```
1 × 4 = 4인데,
십의 자리 계산 결과가 5입니다.
➡ 일의 자리에서 올림이 (있습니다 , 없습니다).

식 세우기 일의 자리 계산에서 ⑤ × 4의 일의 자리 수가 2
➡ ⑤에 들어갈 수 있는 수는 3 , 8

❶ ⑤에 3 을 넣어 보면
```
  2 1 3
×     4
8 5 2
```
❷ ⑤에 8 을 넣어 보면
```
  2 1 8
×     4
8 7 2
```

답 구하기 3

6 ⑤에 알맞은 수를 구하시오.

```
    3 3 ⑤
  ×     2
  6 7 4
```

문제 이해하기
```
  3 3 ⑤
×     2
6 7 4
```
3 × 2 = 6인데,
십의 자리 계산 결과가 7입니다.
➡ 일의 자리에서 올림이 있습니다.

식 세우기 일의 자리 계산에서 ⑤ × 2의 일의 자리 수가 4
➡ ⑤에 들어갈 수 있는 수는 7
⑤에 7을 넣어 보면
```
  3 3 7
×     2
6 7 4
```

답 구하기 7

19

재미있는
수학 놀이터

미래의 독서 목표

미래의 방에는 늘 재미있는 책이 가득합니다. 요즘 미래가 자주 보는 책은 자연 시리즈와 창의 시리즈예요. 미래는 이번 달에 '1000쪽 독서하기'라는 목표도 세웠답니다. 과연 미래는 목표를 달성했을까요? 못했을까요? 알맞은 것에 ○표 하세요.

이번 달 나의 목표
1000쪽 독서하기

자연 시리즈
각각 207쪽씩!

창의 시리즈
각각 119쪽씩!

이번 달에 자연 시리즈 4권,
창의 시리즈 3권을 읽었어.
그렇다면 나는 '1000쪽 독서하기'
목표를 달성 (했어 , 못했어).
828 + 357 = 1185

자연 시리즈
읽은 쪽수
207 × 4 = 828

창의 시리즈
읽은 쪽수
119 × 3 = 357

20

3

1주 4일

(곱셈)
십의 자리, 백의 자리에서 올림이 있는 (세 자리 수) × (한 자리 수) ❶

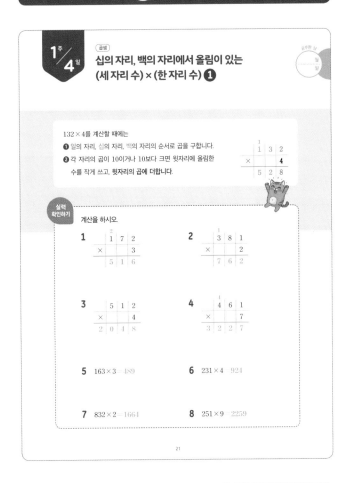

132×4를 계산할 때에는
❶ 일의 자리, 십의 자리, 백의 자리의 순서로 곱을 구합니다.
❷ 각 자리의 곱이 10이거나 10보다 크면 윗자리에 올림한 수를 작게 쓰고, 윗자리의 곱에 더합니다.

$$
\begin{array}{cccc}
 & 1 & 3 & 2 \\
\times & & & 4 \\
\hline
 & 5 & 2 & 8 \\
\end{array}
$$

실력 확인하기
계산을 하시오.

1
$$
\begin{array}{cccc}
 & 1 & 7 & 2 \\
\times & & & 3 \\
\hline
 & 5 & 1 & 6 \\
\end{array}
$$

2
$$
\begin{array}{cccc}
 & 3 & 8 & 1 \\
\times & & & 2 \\
\hline
 & 7 & 6 & 2 \\
\end{array}
$$

3
$$
\begin{array}{cccc}
 & 5 & 1 & 2 \\
\times & & & 4 \\
\hline
2 & 0 & 4 & 8 \\
\end{array}
$$

4
$$
\begin{array}{cccc}
 & 4 & 6 & 1 \\
\times & & & 7 \\
\hline
3 & 2 & 2 & 7 \\
\end{array}
$$

5 $163 \times 3 = 489$

6 $231 \times 4 = 924$

7 $832 \times 2 = 1664$

8 $251 \times 9 = 2259$

21

---

1 승객이 한 번에 182명씩 탈 수 있는 열차가 서울에서 부산까지 하루에 4번 운행됩니다. 매일 열차를 타고 서울에서 부산까지 갈 수 있는 승객은 몇 명입니까?

(문제 이해하기)
▶ 한 번에 탈 수 있는 승객 수: 182 명
▶ 하루에 운행 횟수: 4 번
➡ 매일 서울에서 부산까지 갈 수 있는 승객 수를 그림으로 나타내 보면

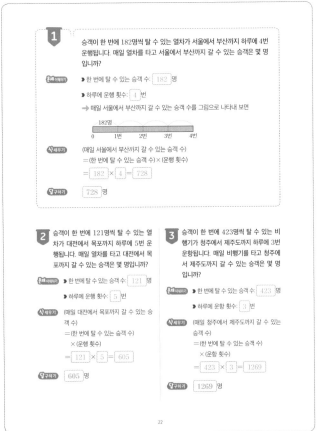

182명
0　1번　2번　3번　4번

(식 세우기)
(매일 서울에서 부산까지 갈 수 있는 승객 수)
=(한 번에 탈 수 있는 승객 수)×(운행 횟수)
= 182 × 4 = 728

(답 구하기) 728 명

2 승객이 한 번에 121명씩 탈 수 있는 열차가 대전에서 목포까지 하루에 5번 운행됩니다. 매일 열차를 타고 대전에서 목포까지 갈 수 있는 승객은 몇 명입니까?

(문제 이해하기)
▶ 한 번에 탈 수 있는 승객 수: 121 명
▶ 하루에 운행 횟수: 5 번
(식 세우기)
(매일 대전에서 목포까지 갈 수 있는 승객 수)
=(한 번에 탈 수 있는 승객 수)×(운행 횟수)
= 121 × 5 = 605

(답 구하기) 605 명

3 승객이 한 번에 423명씩 탈 수 있는 비행기가 청주에서 제주도까지 하루에 3번 운항됩니다. 매일 비행기를 타고 청주에서 제주도까지 갈 수 있는 승객은 몇 명입니까?

(문제 이해하기)
▶ 한 번에 탈 수 있는 승객 수: 423 명
▶ 하루에 운항 횟수: 3 번
(식 세우기)
(매일 청주에서 제주도까지 갈 수 있는 승객 수)
=(한 번에 탈 수 있는 승객 수)×(운항 횟수)
= 423 × 3 = 1269

(답 구하기) 1269 명

22

---

4 어느 시 지하철의 어린이 요금은 450원입니다. 어린이 5명이 지하철을 타려면 얼마가 필요합니까?

(문제 이해하기)
▶ 어린이 한 명의 지하철 요금: 450 원
▶ 지하철을 타려는 어린이 수: 5 명
(식 세우기)
(어린이 5명의 지하철 요금)=(어린이 한 명의 지하철 요금)×(어린이 수)
= 450 × 5 = 2250

(답 구하기) 2250 원

5 어느 시 버스의 어린이 요금은 350원입니다. 어린이 4명이 버스를 타려면 얼마가 필요합니까?

(문제 이해하기)
▶ 어린이 한 명의 버스 요금: 350 원
▶ 버스를 타려는 어린이 수: 4 명
(식 세우기)
(어린이 4명의 버스 요금)
=(어린이 한 명의 버스 요금)×(어린이 수)
= 350 × 4 = 1400

(답 구하기) 1400 원

6 나라마다 사용하는 돈의 가치는 서로 다릅니다. 어느 날 호주의 1달러는 우리나라 돈 843원과 같았습니다. 이날 호주 돈 3달러는 우리나라 돈으로 얼마입니까?

(문제 이해하기)
▶ 호주 돈 1달러
　 =우리나라 돈 843 원
▶ 호주 돈 3달러: 호주 돈 1달러의 3 배
(식 세우기)
(호주 돈 3달러와 가치가 같은 우리나라 돈)
=(호주 돈 1달러)× 3
= 843 × 3 = 2529

(답 구하기) 2529 원

정답 확인　오늘 나의 실력란은　부모님 확인

23

재미있는 수학 놀이터
필요한 포인트는 얼마일까요?

찬원이와 미나는 붙임 딱지를 잃어버렸어요. 문방구에 가면 붙임 딱지를 낱장으로 살 수 있는데, 붙임 딱지의 모양과 크기에 따라 포인트가 정해져 있대요. 찬원이와 미나가 ㉮, ㉯, ㉰ 도형을 완성하는 데 필요한 포인트를 적어 주세요.

붙임 딱지 판

가
517
517
347
347×3=1041

나
268
268×5=1340

다
169
169
169×6=1014

㉮ 도형을 완성하는 데 필요한 포인트는 1041 이야.

㉯에서 필요한 포인트는 1340 이고,
㉰에서 필요한 포인트는 1014 야.

찬원　미나

24

4

1주 5일

십의 자리, 백의 자리에서 올림이 있는 (세 자리 수) × (한 자리 수) ②

1 가장 큰 수와 가장 작은 수의 곱은 얼마인지 구하시오.

| 3 | 128 | 462 | 6 | 337 |

문제 이해하기 수의 크기를 비교해 보면
3 < 6 < 128 < 337 < 462

식 세우기 (가장 큰 수) × (가장 작은 수)
= 462 × 3 = 1386

답 구하기 1386

2 가장 큰 수와 가장 작은 수의 곱은 얼마인지 구하시오.

| 375 | 5 | 678 | 753 | 2 |

문제 이해하기 수의 크기를 비교해 보면
2 < 5 < 375 < 678 < 753

식 세우기 (가장 큰 수) × (가장 작은 수)
= 753 × 2 = 1506

답 구하기 1506

25

3 1부터 9까지의 수 중에서 □ 안에 들어갈 수 있는 가장 큰 수를 구하시오.

181 × □ < 800

문제 이해하기 181은 200에 가깝습니다.
→ 200 × □가 800에 가깝게 되는 □의 값을 찾아보면 4, 5

식 세우기 □의 값을 차례대로 넣어 계산해 보면
□ = 4 일 때 181 × 4 = 724
□ = 5 일 때 181 × 5 = 905

답 구하기 4

4 1부터 9까지의 수 중에서 □ 안에 들어갈 수 있는 가장 작은 수를 구하시오.

412 × □ > 1300

문제 이해하기 412는 400에 가깝습니다.
→ 400 × □가 1300에 가깝게 되는 □의 값을 찾아보면 3, 4

식 세우기 □의 값을 차례대로 넣어 계산해 보면
□ = 3일 때 412 × 3 = 1236
□ = 4일 때 412 × 4 = 1648

답 구하기 4

26

5 수 카드를 한 번씩만 사용하여 곱이 가장 큰 (세 자리 수) × (한 자리 수)의 곱셈식을 만들려고 합니다. 만든 곱셈식의 곱은 얼마인지 구하시오.

| 4 | 0 | 6 | 7 |

문제 이해하기
❶ 수 카드에 적힌 수의 크기를 비교해 보면
0 < 4 < 6 < 7
❷ 곱이 가장 큰 곱셈식을 만들 때는
세 번 곱해지는 한 자리 수에 가장 큰 수 7 을 쓰고
남은 세 수로 가장 큰 세 자리 수를 만듭니다.

식 세우기 (남은 세 수로 만든 가장 큰 세 자리 수) × (가장 큰 수)
= 640 × 7 = 4480

답 구하기 4480

6 수 카드를 한 번씩만 사용하여 곱이 가장 작은 (세 자리 수) × (한 자리 수)의 곱셈식을 만들려고 합니다. 만든 곱셈식의 곱은 얼마인지 구하시오.

| 8 | 5 | 2 | 3 |

문제 이해하기
❶ 수 카드에 적힌 수의 크기를 비교해 보면
2 < 3 < 5 < 8
❷ 곱이 가장 작은 곱셈식을 만들 때는
세 번 곱해지는 한 자리 수에 가장 작은 수 2 를 쓰고
남은 세 수로 가장 작은 세 자리 수를 만듭니다.

식 세우기 (남은 세 수로 만든 가장 작은 세 자리 수) × (가장 작은 수)
= 358 × 2 = 716

답 구하기 716

27

재미있는 수학 놀이터

사탕 가격은 모두 얼마일까요?

미래가 엄마와 함께 같은 반 친구 32명에게 줄 막대 사탕을 사러 왔어요. 막대 사탕은 낱개로도 팔고 있지만, 다섯 개씩 묶어서 세트로도 팔고 있어요. 미래가 가장 싸게 막대 사탕을 사려면 낱개와 세트를 각각 몇 개씩 사야 할까요? 이때 얼마를 내야 하는지 계산하여 빈칸에 쓰세요.

낱개 판매
1개당 150원   150 × 2 = 300

세트 판매(1세트 5개)
1세트 650원   650 × 6 = 3900

32개를 사려면 세트 6 개와 낱개 2 개를 사면 되겠지?

네, 엄마. 그러면 전부 합쳐서 4200 원이 필요해요.
3900 + 300 = 4200

28

5

2주 1일 (곱셈) (몇십)×(몇십), (몇십몇)×(몇십) ❶

➤ 20×30을 계산할 때에는
❶ 20×3을 먼저 계산한 다음,
❷ 계산한 값에 10을 곱합니다.

$$
\begin{array}{r}
2\ 0 \\
\times\ 3\ 0 \\
\hline
6\ 0\ 0
\end{array}
$$

➤ 42×30을 계산할 때에는
❶ 42×3을 먼저 계산한 다음,
❷ 계산한 값에 10을 곱합니다.

$$
\begin{array}{r}
4\ 2 \\
\times\ 3\ 0 \\
\hline
1\ 2\ 6\ 0
\end{array}
$$

실력 확인하기 계산을 하시오.

1
$$
\begin{array}{r}
1\ 0 \\
\times\ 4\ 0 \\
\hline
4\ 0\ 0
\end{array}
$$

2
$$
\begin{array}{r}
3\ 0 \\
\times\ 7\ 0 \\
\hline
2\ 1\ 0\ 0
\end{array}
$$

3
$$
\begin{array}{r}
3\ 1 \\
\times\ 2\ 0 \\
\hline
6\ 2\ 0
\end{array}
$$

4
$$
\begin{array}{r}
5\ 2 \\
\times\ 4\ 0 \\
\hline
2\ 0\ 8\ 0
\end{array}
$$

5 80×30 = 2400

6 40×90 = 3600

7 25×30 = 750

8 36×40 = 1440

29

1 초콜릿이 한 상자에 60개씩 들어 있습니다. 20상자에 들어 있는 초콜릿은 모두 몇 개입니까?

문제 이해하기 ➤ 한 상자에 들어 있는 초콜릿 수: 60 개
➤ 초콜릿이 들어 있는 상자 수: 20 상자
➜ 20상자에 들어 있는 초콜릿 수를 그림으로 나타내 보면

60×2

⇨ 60×20 = 60×2 × 10 = 1200

식 세우기 (전체 초콜릿 수)=(한 상자에 들어 있는 초콜릿 수)×(상자 수)
= 60 × 20 = 1200

답 구하기 1200 개

2 지우개가 한 상자에 20개씩 들어 있습니다. 30상자에 들어 있는 지우개는 모두 몇 개입니까?

문제 이해하기 ➤ 한 상자에 들어 있는 지우개 수:
20 개
➤ 지우개가 들어 있는 상자 수:
30 상자

식 세우기 (전체 지우개 수)
=(한 상자에 들어 있는 지우개 수)
×(상자 수)
= 20 × 30 = 600

답 구하기 600 개

3 민우가 50원짜리 동전을 40개 모았습니다. 민우가 모은 돈은 모두 얼마입니까?

문제 이해하기 ➤ 민우가 모은 50원짜리 동전 수:
40 개

식 세우기 (민우가 모은 돈)
=50×(동전 수)
=50× 40 = 2000

답 구하기 2000 원

30

4 땅콩이 한 봉지에 16개씩 들어 있습니다. 40봉지에 들어 있는 땅콩은 모두 몇 개입니까?

문제 이해하기 ➤ 한 봉지에 들어 있는 땅콩 수: 16 개
➤ 땅콩이 들어 있는 봉지 수: 40 봉지
➜ 40봉지에 들어 있는 땅콩 수를 그림으로 나타내 보면

16×10

⇨ 16×40 = 16×10× 4 = 640

식 세우기 (전체 땅콩 수)=(한 봉지에 들어 있는 땅콩 수)×(봉지 수)
= 16 × 40 = 640

답 구하기 640 개

5 야구공이 한 상자에 24개씩 들어 있습니다. 20상자에 들어 있는 야구공은 모두 몇 개입니까?

문제 이해하기 ➤ 한 상자에 들어 있는 야구공 수: 24 개
➤ 야구공이 들어 있는 상자 수: 20 상자

식 세우기 (전체 야구공 수)
=(한 상자에 들어 있는 야구공 수)
×(상자 수)
= 24 × 20 = 480

답 구하기 480 개

6 어느 제과점에서는 매일 단팥빵을 85개씩 만든다고 합니다. 이 제과점에서 9월 한 달 동안 만든 단팥빵은 모두 몇 개입니까?

문제 이해하기 ➤ 하루에 만드는 단팥빵 수: 85 개
➤ 단팥빵을 만드는 날수:
9월 한 달 = 30 일

식 세우기 (9월 한 달 동안 만든 단팥빵 수)
=(하루에 만드는 단팥빵 수)×(날수)
= 85 × 30 = 2550

답 구하기 2550 개

31

재미있는 수학 놀이터 칙칙폭폭 곱셈 기차

곱셈 기차 칙칙이와 폭폭이가 힘차게 달리고 있어요. 기차의 마지막 칸의 수가 클수록 목적지에 더 빨리 도착한대요. 곱셈 기차에 숨어 있는 규칙을 찾아 빈칸에 알맞은 수를 써넣고, 먼저 도착하는 기차에 ○표 하세요.

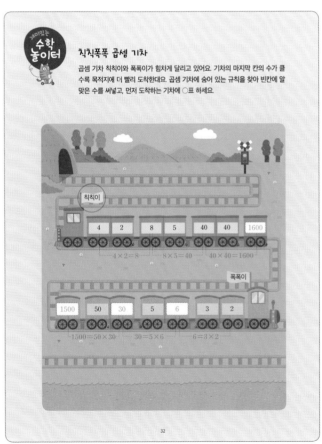

칙칙이

4 2 8 5 40 40 1600

4×2=8   8×5=40   40×40=1600

폭폭이

1500 50 30 5 6 3 2

1500=50×30   30=5×6   6=3×2

32

6

2주 2일

(곱셈)

(몇십) × (몇십), (몇십몇) × (몇십) ❷

1 유정이와 민서는 39 × 50을 계산하려고 합니다. 계산하는 과정을 잘못 설명한 사람은 누구입니까?

39 × 5의 값에
10배 하면 돼.

유정

3 × 50과 9 × 50을
더하면 돼.

민서

문제 이해하기 유정: $39 \times 50 = 39 \times 5 \times \boxed{10} = 195 \times \boxed{10}$ 과 같이 계산할 수 있습니다.

민서: 39 = $\boxed{30}$ + 9이므로 39 × 50은 $\boxed{30}$ × 50과 9 × 50을 더해서 계산할 수 있습니다.

답 구하기 민서

2 주희와 찬우는 70 × 60을 계산하려고 합니다. 계산하는 과정을 잘못 설명한 사람은 누구입니까?

7 × 6을 계산한 다음,
계산 결과의 뒤에 0을 2개
더 붙이면 돼.

주희

70 × 6의 값에
10을 더하면 돼.

찬우

문제 이해하기 주희: 70 × 60 = 7 × 6 × 10 × 10 = 42 × 100 = 4200의 같이 계산할 수 있습니다.

찬우: 70 × 60 = 70 × 6 × 10 = 420 × 10과 같이 계산할 수 있습니다.

답 구하기 찬우

3 계산 결과가 3000보다 큰 곱셈식에 모두 ○표 하시오.

27 × 60   70 × 80
60 × 40   56 × 70

문제 이해하기 곱셈식을 각각 계산한 다음, 계산 결과가 3000보다 큰 것에 ○표 합니다.

식 세우기 ▶ 60 × 40 = 2400   ▶ 27 × 60 = 1620
▶ 56 × 70 = 3920   ▶ 70 × 80 = 5600

답 구하기
27 × 60   70 × 80
60 × 40   56 × 70

4 계산 결과가 4000보다 작은 곱셈식에 모두 ○표 하시오.

50 × 60   92 × 40
63 × 80   80 × 90

문제 이해하기 곱셈식을 각각 계산한 다음, 계산 결과가 4000보다 작은 것에 ○표 합니다.

식 세우기 ▶ 50 × 60 = 3000   ▶ 63 × 80 = 5040
▶ 92 × 40 = 3680   ▶ 80 × 90 = 7200

50 × 60   92 × 40

답 구하기 63 × 80   80 × 90

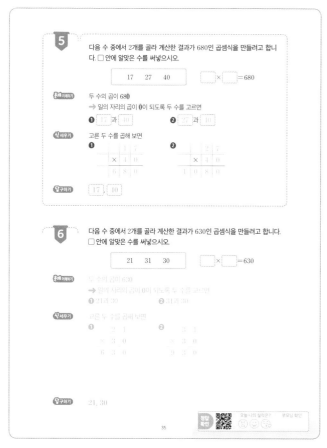

5 다음 수 중에서 2개를 골라 계산한 결과가 680인 곱셈식을 만들려고 합니다. □ 안에 알맞은 수를 써넣으시오.

17   27   40   □ × □ = 680

문제 이해하기 두 수의 곱이 680
→ 일의 자리의 곱이 0이 되도록 두 수를 고르면
❶ 17 과 40   ❷ 27 과 10

식 세우기 고른 두 수를 곱해 보면
❶
```
    1 7
  ×  4 0
  6 8 0
```
❷
```
    2 7
  ×  4 0
1 0 8 0
```

답 구하기 17, 40

6 다음 수 중에서 2개를 골라 계산한 결과가 630인 곱셈식을 만들려고 합니다. □ 안에 알맞은 수를 써넣으시오.

21   31   30   □ × □ = 630

문제 이해하기 두 수의 곱이 630
→ 일의 자리의 곱이 0이 되도록 두 수를 고르면
❶ 21과 30   ❷ 31과 30

식 세우기 고른 두 수를 곱해 보면
❶
```
    2 1
  ×  3 0
  6 3 0
```
❷
```
    3 1
  ×  3 0
  9 3 0
```

답 구하기 21, 30

재미있는 **수학 놀이터**

장난감을 만들어요

인형과 로봇을 만드는 장난감 공장이 있어요. 공장에서는 한 시간에 만들 수 있는 양이 정해져 있대요. 공장에서 인형 600개를 만들었다면, 같은 시간 동안 로봇은 모두 몇 개를 만들었을까요? 빈칸을 알맞게 채워 보세요.

28 × 50 = 1400   한 시간에 28개씩!

12 × 50 = 600   한 시간에 12개씩!

인형 600개를 만드는 데
50 시간이 걸립니다.
같은 시간 동안 로봇은
1400 개 만들 수 있습니다.

7

2주/3일 (곱셈) **(몇)×(몇십몇) ❶**

7×14를 계산할 때에는
❶ 7×4=28과 7×10=70을 각각 계산한 다음,
❷ 계산한 두 값을 더합니다.

$$\begin{array}{r} 2 \\ 7 \\ \times\ 1\ 4 \\ \hline 9\ 8 \end{array}$$

실력 확인하기 계산을 하시오.

1
$$\begin{array}{r} 4 \\ \times\ 1\ 2 \\ \hline 4\ 8 \end{array}$$

2
$$\begin{array}{r} 3 \\ \times\ 4\ 2 \\ \hline 1\ 2\ 6 \end{array}$$

3
$$\begin{array}{r} 1 \\ 3 \\ \times\ 2\ 4 \\ \hline 7\ 2 \end{array}$$

4
$$\begin{array}{r} 3 \\ 5 \\ \times\ 3\ 6 \\ \hline 1\ 8\ 0 \end{array}$$

5 2×23＝46

6 7×21＝147

7 5×17＝85

8 3×65＝195

37

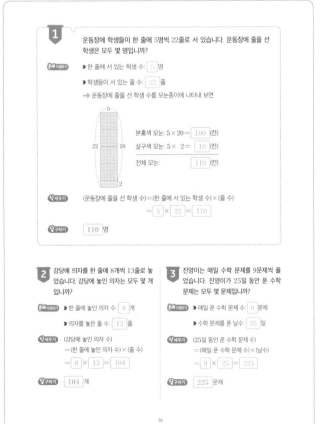

1 운동장에 학생들이 한 줄에 5명씩 22줄로 서 있습니다. 운동장에 줄을 선 학생들은 모두 몇 명입니까?

문제 이해하기 ▶ 한 줄에 서 있는 학생 수: 5 명

▶ 학생들이 서 있는 줄 수: 22 줄

➡ 운동장에 줄을 선 학생 수를 모눈종이에 나타내 보면

분홍색 모눈: 5×20= 100 (칸)
살구색 모눈: 5× 2= 10 (칸)
전체 모눈: 110 (칸)

식 세우기 (운동장에 줄을 선 학생 수)=(한 줄에 서 있는 학생 수)×(줄 수)
= 5 × 22 = 110

답 구하기 110 명

2 강당에 의자를 한 줄에 8개씩 13줄로 놓았습니다. 강당에 놓인 의자는 모두 몇 개입니까?

문제 이해하기 ▶ 한 줄에 놓인 의자 수: 8 개

▶ 의자를 놓은 줄 수: 13 줄

식 세우기 (강당에 놓인 의자 수)
=(한 줄에 놓인 의자 수)×(줄 수)
= 8 × 13 = 104

답 구하기 104 개

3 진영이는 매일 수학 문제를 9문제씩 풀었습니다. 진영이가 25일 동안 푼 수학 문제는 모두 몇 문제입니까?

문제 이해하기 ▶ 매일 푼 수학 문제 수: 9 문제

▶ 수학 문제를 푼 날수: 25 일

식 세우기 (25일 동안 푼 수학 문제 수)
=(매일 푼 수학 문제 수)×(날수)
= 9 × 25 = 225

답 구하기 225 문제

38

---

4 색칠한 전체 모눈의 수를 곱셈식으로 나타내고, 계산해 보시오.

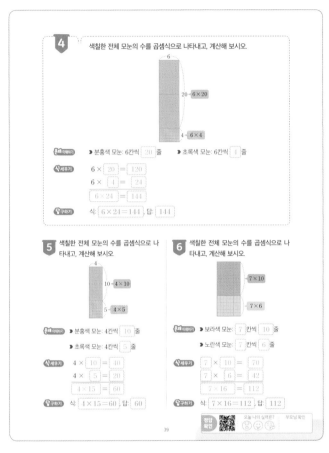

6

20 → 6×20

4 → 6×4

문제 이해하기 ▶ 분홍색 모눈: 6칸씩 20 줄 ▶ 초록색 모눈: 6칸씩 4 줄

식 세우기
6 × 20 = 120
6 × 4 = 24
6 × 24 = 144

답 구하기 식: 6×24＝144, 답: 144

5 색칠한 전체 모눈의 수를 곱셈식으로 나타내고, 계산해 보시오.

4

10 → 4×10

5 → 4×5

문제 이해하기 ▶ 분홍색 모눈: 4칸씩 10 줄

▶ 초록색 모눈: 4칸씩 5 줄

식 세우기
4 × 10 = 40
4 × 5 = 20
4 × 15 = 60

답 구하기 식: 4×15＝60, 답: 60

6 색칠한 전체 모눈의 수를 곱셈식으로 나타내고, 계산해 보시오.

7×10

7×6

문제 이해하기 ▶ 보라색 모눈: 7 칸씩 10 줄

▶ 노란색 모눈: 7 칸씩 6 줄

식 세우기
7 × 10 = 70
7 × 6 = 42
7 × 16 = 112

답 구하기 식: 7×16＝112, 답: 112

정답 확인

39

재미있는 수학 놀이터 보석은 모두 몇 개일까요?

다섯 난쟁이들이 보석이 가득한 광산을 발견했어요. 난쟁이들은 광산이 알려지기 전에 보석을 많이 캐려고 열심히 일했어요. 다섯 난쟁이들이 어제, 오늘 캔 보석은 총 몇 개인지 계산하여 쓰세요.

어제 캔 보석
5×14=70

오늘 캔 보석
5×19=95

현재의 보석량
165 개
70＋95＝165

어제는 우리 다섯 명 각자 보석 14개씩을 캤어.

오늘은 다섯 명 각자 19개씩 캤으니까, 오늘 캔 보석이 더 많겠구나.

40

2주 / 4일 (몇)×(몇십몇) ❷

1 ㉠에 알맞은 수를 구하시오.

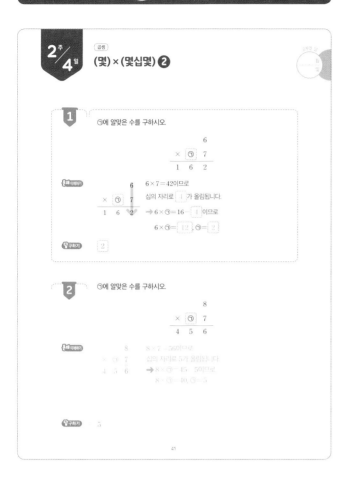

$$6 \times \begin{array}{c} 6 \\ \times \ \fbox{㉠} \ 7 \\ \hline 1 \ 6 \ 2 \end{array}$$

문제 이해하기

$6 \times 7 = 42$이므로
십의 자리로 $\fbox{4}$가 올림됩니다.

$6 \times ㉠ = 16 - \fbox{4}$이므로
$6 \times ㉠ = \fbox{12}$, $㉠ = \fbox{2}$

답구하기 $\fbox{2}$

2 ㉠에 알맞은 수를 구하시오.

$$\begin{array}{c} 8 \\ \times \ \fbox{㉠} \ 7 \\ \hline 4 \ 5 \ 6 \end{array}$$

문제 이해하기

$8 \times 7 = 56$이므로
십의 자리로 5가 올림됩니다.

$8 \times ㉠ = 45 - 5$이므로
$8 \times ㉠ = 40$, $㉠ = 5$

답구하기 5

41

3 수 카드 중 2장을 골라 계산 결과가 가장 큰 곱셈식을 만들려고 합니다. ㉠, ㉡에 알맞은 수를 쓰시오.

$$\boxed{5} \ \boxed{2} \ \boxed{4} \ \boxed{7} \qquad \begin{array}{c} \fbox{㉠} \\ \times \ 6 \ \fbox{㉡} \end{array}$$

문제 이해하기

❶ 수 카드에 적힌 수의 크기를 비교해 보면
$\fbox{2} < \fbox{4} < \fbox{5} < \fbox{7}$

❷ 곱이 가장 큰 곱셈식을 만들 때는
두 번 곱해지는 한 자리 수에 가장 큰 수 $\fbox{7}$을 쓰고
남은 수로 가장 큰 수를 만듭니다.

답구하기 $㉠ = \fbox{7}$, $㉡ = \fbox{5}$

4 수 카드 중 2장을 골라 계산 결과가 가장 큰 곱셈식을 만들려고 합니다. ㉠, ㉡에 알맞은 수를 쓰시오.

$$\boxed{1} \ \boxed{9} \ \boxed{3} \ \boxed{8} \qquad \begin{array}{c} ㉠ \\ \times \ 4 \ ㉡ \end{array}$$

문제 이해하기

❶ 수 카드에 적힌 수의 크기를 비교해 보면
$1 < 3 < 8 < 9$

❷ 곱이 가장 큰 곱셈식을 만들 때는
두 번 곱해지는 한 자리 수에 가장 큰 수 9를 쓰고
남은 수로 가장 큰 수를 만듭니다.

답구하기 $㉠ = 9$, $㉡ = 8$

42

5 어떤 수에 46을 곱해야 할 것을 잘못하여 더했더니 52가 되었습니다. 바르게 계산하면 얼마입니까?

문제 이해하기

▶ 바른 계산: 어떤 수에 46을 (곱해야 , 더해야) 합니다.
▶ 잘못한 계산: 어떤 수에 46을 (곱했더니 , 더했더니) 52가 되었습니다.

식세우기

어떤 수를 ☐라고 하면
☐ + 46 = 52
➡ ☐ = $\fbox{52}$ − $\fbox{46}$ = $\fbox{6}$

바르게 계산하면
$\fbox{6}$ × $\fbox{46}$ = $\fbox{276}$

답구하기 $\fbox{276}$

6 어떤 수에 97을 곱해야 할 것을 잘못하여 더했더니 102가 되었습니다. 바르게 계산하면 얼마입니까?

문제 이해하기

▶ 바른 계산: 어떤 수에 97을 곱해야 합니다.
▶ 잘못한 계산: 어떤 수에 97을 더했더니 102가 되었습니다.

식세우기

어떤 수를 ☐라고 하면
☐ + 97 = 102
➡ ☐ = 102 − 97 = 5
바르게 계산하면
5 × 97 = 485

답구하기 485

43

즐거운 요리 수업

누리와 서준이는 '어린이 요리 교실'에 다니고 있어요. 누리는 쿠키 만들기를, 서준이는 케이크 만들기를 배우고 있어요. 누리와 서준이는 각각 총 몇 시간씩 수업을 받았는지 계산하여 쓰세요.

쿠키 만들기 교실
9:00 ~ 12:00
3시간

케이크 만들기 교실
13:00 ~ 17:00
4시간

나는 21일 동안
쿠키 만들기를 배울 거야.

나는 23일 동안
케이크 만들기를 배울 거야.

누리가 쿠키 만들기 수업을 받을 총 시간
$\fbox{63}$ 시간
$3 \times 21 = 63$

서준이가 케이크 만들기 수업을 받을 총 시간
$\fbox{92}$ 시간
$4 \times 23 = 92$

44

9

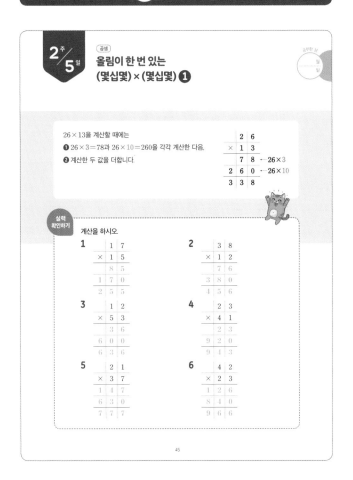

2주/5일 (곱셈)
올림이 한 번 있는 (몇십몇)×(몇십몇) ❶

26×13을 계산할 때에는
❶ 26×3=78과 26×10=260을 각각 계산한 다음,
❷ 계산한 두 값을 더합니다.

```
      2 6
    × 1 3
      7 8  ← 26×3
    2 6 0  ← 26×10
    3 3 8
```

실력 확인하기 계산을 하시오.

1
```
      1 7
    × 1 5
      8 5
    1 7 0
    2 5 5
```

2
```
      3 8
    × 1 2
      7 6
    3 8 0
    4 5 6
```

3
```
      1 2
    × 5 3
      3 6
    6 0 0
    6 3 6
```

4
```
      2 3
    × 4 1
      2 3
    9 2 0
    9 4 3
```

5
```
      2 1
    × 3 7
    1 4 7
    6 3 0
    7 7 7
```

6
```
      4 2
    × 2 3
    1 2 6
    8 4 0
    9 6 6
```

45

4 석호는 수학 문제를 하루에 32문제씩 14일 동안 풀었습니다. 석호가 14일 동안 푼 수학 문제는 모두 몇 문제입니까?

문제 이해하기
▶ 하루에 푼 수학 문제 수: 32 문제
▶ 수학 문제를 푼 날수: 14 일
➡ 14일 동안 푼 수학 문제 수를 그림으로 나타내 보면

32문제
0 1일 2일 3일 … 12일 13일 14일

식 세우기 (14일 동안 푼 수학 문제 수)=(하루에 푼 수학 문제 수)×(날수)
= 32 × 14 = 448

답 구하기 448 문제

5 지혜가 영어 단어를 하루에 21개씩 25일 동안 외웠습니다. 지혜가 25일 동안 외운 영어 단어는 모두 몇 개입니까?

문제 이해하기
▶ 하루에 외운 영어 단어 수: 21 개
▶ 영어 단어를 외운 날수: 25 일

식 세우기 (25일 동안 외운 영어 단어 수)
=(하루에 외운 영어 단어 수)×(날수)
= 21 × 25 = 525

답 구하기 525 개

6 주현이는 소설책을 매일 28쪽씩 읽으려고 합니다. 주현이가 10월 한 달 동안 읽을 수 있는 소설책은 모두 몇 쪽입니까?

문제 이해하기
▶ 하루에 읽는 소설책 쪽수:
28 쪽
▶ 소설책을 읽을 날수:
10월 한 달 31 일

식 세우기 (10월 한 달 동안 읽을 수 있는 소설책 쪽수)
=(하루에 읽으려는 소설책 쪽수)
×(날수)
= 28 × 31 = 868

답 구하기 868 쪽

47

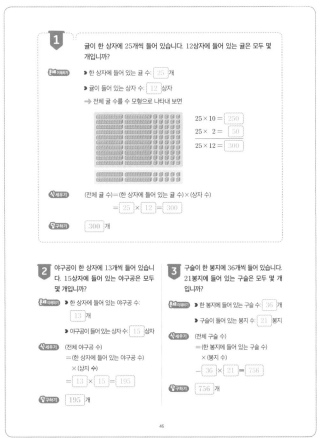

1 귤이 한 상자에 25개씩 들어 있습니다. 12상자에 들어 있는 귤은 모두 몇 개입니까?

문제 이해하기
▶ 한 상자에 들어 있는 귤 수: 25 개
▶ 귤이 들어 있는 상자 수: 12 상자
➡ 전체 귤 수를 수 모형으로 나타내 보면

25×10 = 250
25× 2 = 50
25×12 = 300

식 세우기 (전체 귤 수)=(한 상자에 들어 있는 귤 수)×(상자 수)
= 25 × 12 = 300

답 구하기 300 개

2 야구공이 한 상자에 13개씩 들어 있습니다. 15상자에 들어 있는 야구공은 모두 몇 개입니까?

문제 이해하기
▶ 한 상자에 들어 있는 야구공 수:
13 개
▶ 야구공이 들어 있는 상자 수: 15 상자

식 세우기 (전체 야구공 수)
=(한 상자에 들어 있는 야구공 수)
×(상자 수)
= 13 × 15 = 195

답 구하기 195 개

3 구슬이 한 봉지에 36개씩 들어 있습니다. 21봉지에 들어 있는 구슬은 모두 몇 개입니까?

문제 이해하기
▶ 한 봉지에 들어 있는 구슬 수: 36 개
▶ 구슬이 들어 있는 봉지 수: 21 봉지

식 세우기 (전체 구슬 수)
=(한 봉지에 들어 있는 구슬 수)
×(봉지 수)
= 36 × 21 = 756

답 구하기 756 개

46

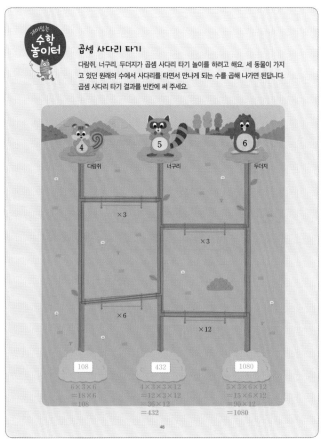

재미있는 수학 놀이터

곱셈 사다리 타기

다람쥐, 너구리, 두더지가 곱셈 사다리 타기 놀이를 하려고 해요. 세 동물이 가지고 있던 원래의 수에서 사다리를 타면서 만나게 되는 수를 곱해 나가면 된답니다. 곱셈 사다리 타기 결과를 빈칸에 써 주세요.

4 다람쥐 5 너구리 6 두더지

×3   ×3
      ×6
×6   ×12

108   432   1080

6×3×6   4×3×3×12   5×3×6×12
=18×6   =12×3×12   =15×6×12
=108   =36×12   =90×12
        =432   =1080

48

3주 1일

**올림이 한 번 있는
(몇십몇) × (몇십몇) ②**

1

모눈종이를 이용하여 16 × 14를 나타내고, 그 곱을 구하시오.

문제 이해하기 16칸씩 14 줄을 색칠하면 색칠한 모눈은 모두 224 칸입니다.

➡ 16 × 14 = 224

답 구하기 224

2

모눈종이를 이용하여 28 × 13을 나타내고, 그 곱을 구하시오.

문제 이해하기 28칸씩 13줄을 색칠하면 색칠한 모눈은 모두 364칸입니다.

➡ 28 × 13 = 364

답 구하기 364

3

지훈이네 학교에서 전교생에게 음료수를 한 개씩 나누어 주려고 합니다. 각 학년의 학급 수는 다음과 같고, 각 반의 학생 수는 21명씩입니다. 음료수를 모두 몇 개 준비해야 합니까?

학년	1	2	3	4	5	6	합계
학급 수(반)	6	5	7	5	6	6	35

문제 이해하기 ▶ 학급별 학생 수: 21 명   ▶ 전체 학급 수: 35 반

➡ 지훈이네 학교 전체 학생 수를 그림으로 나타내 보면

| 1-1 21명 | 1-2 21명 | 1-3 21명 | …… | 6-6 21명 |

전체 35 반

준비해야 하는 음료수는 전체 학생 수와 같아!

식 세우기 (준비해야 하는 음료수 수) = (학급별 학생 수) × (전체 학급 수)

= 21 × 35 = 735

답 구하기 735 개

4

희수네 학교에서 교내 글짓기 대회에 참가한 학생들에게 연필을 한 자루씩 나누어 주려고 합니다. 각 학년의 학급 수는 다음과 같고, 각 반의 참가자 수는 14명씩입니다. 연필을 모두 몇 자루 준비해야 합니까?

학년	1	2	3	4	5	6	합계
학급 수(반)	5	4	6	6	5	6	32

문제 이해하기 ▶ 학급별 참가자 수: 14명   ▶ 전체 학급 수: 32반

➡ 교내 글짓기 대회에 참가하는 학생 수를 그림으로 나타내 보면

| 1-1 14명 | 1-2 14명 | 1-3 14명 | …… | 6-6 14명 |

전체 32반

식 세우기 (준비해야 하는 연필 수) = (학급별 참가자 수) × (전체 학급 수)

= 14 × 32 = 448

답 구하기 448자루

5

한 장의 길이가 14 cm인 종이 테이프 25장을 2 cm씩 겹쳐서 이어 붙였습니다. 이어 붙인 종이 테이프 전체의 길이는 몇 cm입니까?

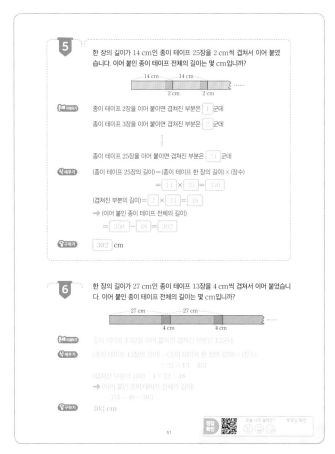

문제 이해하기 종이 테이프 2장을 이어 붙이면 겹쳐진 부분은 1 군데

종이 테이프 3장을 이어 붙이면 겹쳐진 부분은 2 군데

종이 테이프 25장을 이어 붙이면 겹쳐진 부분은 24 군데

식 세우기 (종이 테이프 25장의 길이) = (종이 테이프 한 장의 길이) × (장수)

= 14 × 25 = 350

(겹쳐진 부분의 길이) = 2 × 24 = 48

➡ (이어 붙인 종이 테이프 전체의 길이)

= 350 − 48 = 302

답 구하기 302 cm

6

한 장의 길이가 27 cm인 종이 테이프 13장을 4 cm씩 겹쳐서 이어 붙였습니다. 이어 붙인 종이 테이프 전체의 길이는 몇 cm입니까?

문제 이해하기 종이 테이프 13장을 이어 붙이면 겹쳐진 부분은 12군데

식 세우기 (종이 테이프 13장의 길이) = (종이 테이프 한 장의 길이) × (장수)

= 27 × 13 = 351

(겹쳐진 부분의 길이) = 4 × 12 = 48

➡ (이어 붙인 종이 테이프 전체의 길이)

= 351 − 48 = 303

답 구하기 303 cm

재미있는 수학 놀이터

자동차가 도착한 곳은?

우리 집에서 빨간 자동차가 출발합니다. 이 자동차는 1시간에 62 km씩 가는 빠르기로 이동합니다. 이 자동차가 3시간 동안 쉬지 않고 달렸을 때 도착하는 위치에 ●, 12시간 동안 쉬지 않고 달렸을 때 도착하는 위치에 ●을 색칠하세요.

우리 집 · 휴게소

62 × 3 = 186

186 km
빨간색
톨게이트

372 km

체육관

558 km

식당

682 km

930 km · 744 km

62 × 12 = 744

카페 · 백화점

11

3주 2일

(곱셈)

올림이 여러 번 있는 (몇십몇)×(몇십몇) ❶

$46×35$를 계산할 때에는

❶ $46×5=230$과 $46×30=1380$을 각각 계산한 다음.

❷ 계산한 두 값을 더합니다.

```
      4 6
  ×   3 5
    2 3 0  ← 46×5
  1 3 8 0  ← 46×30
  1 6 1 0
```

실력 확인하기

계산을 하시오.

1
```
      2 4
  ×   4 6
    1 4 4
    9 6 0
  1 1 0 4
```

2
```
      3 9
  ×   5 2
      7 8
  1 9 5 0
  2 0 2 8
```

3
```
      7 6
  ×   2 5
    3 8 0
  1 5 2 0
  1 9 0 0
```

4
```
      4 3
  ×   4 8
    3 4 4
  1 7 2 0
  2 0 6 4
```

5
```
      2 5
  ×   8 7
    1 7 5
  2 0 0 0
  2 1 7 5
```

6
```
      5 3
  ×   6 5
    2 6 5
  3 1 8 0
  3 4 4 5
```

---

1 감을 한 상자에 29개씩 담았습니다. 24상자에 담은 감은 모두 몇 개입니까?

문제 이해하기
➤ 한 상자에 담은 감 수: 29 개
➤ 감을 담은 상자 수: 24 상자
➤ 24상자에 담은 감 수를 모눈종이에 나타내 보면

분홍색 모눈: $20×20=$ 400 (칸)
보라색 모눈: $9×20=$ 180 (칸)
초록색 모눈: $20×4=$ 80 (칸)
노란색 모눈: $9×4=$ 36 (칸)
전체 모눈: 696 (칸)

식 세우기 (전체 감 수)=(한 상자에 담은 감 수)×(상자 수)
= 29 × 24 = 696

답 구하기 696 개

2 도넛이 한 상자에 18개씩 들어 있습니다. 55상자에 들어 있는 도넛은 모두 몇 개입니까?

문제 이해하기
➤ 한 상자에 들어 있는 도넛 수: 18 개
➤ 도넛이 들어 있는 상자 수: 55 상자

식 세우기 (전체 도넛 수)
=(한 상자에 들어 있는 도넛 수)×(상자 수)
= 18 × 55 = 990

답 구하기 990 개

3 한 통에 흰색 바둑돌이 20개, 검은색 바둑돌이 17개 들어 있습니다. 26개의 통에 들어 있는 바둑돌은 모두 몇 개입니까?

문제 이해하기
➤ 한 통에 들어 있는 바둑돌 수:
흰색 20 개 검은색 17 개
➔ 전체 37 개
➤ 바둑돌이 들어 있는 통 수: 26 개

식 세우기 (전체 바둑돌 수)
=(한 통에 들어 있는 바둑돌 수)×(통 수)
= 37 × 26 = 962

답 구하기 962 개

---

4 어느 건물 승강기 한 대에 최대 정원이 다음과 같이 표시되어 있습니다. 한 사람의 몸무게를 65 kg으로 보았을 때 승강기에 실을 수 있는 최대 무게는 몇 kg입니까?

> 승강기
> 🧍 최대 정원 19명

문제 이해하기 ➤ 한 사람의 몸무게: 65 kg
➤ 승강기 한 대의 최대 정원: 19 명

식 세우기 (승강기 한 대에 실을 수 있는 최대 무게)=(한 사람의 몸무게)×(최대 정원)
= 65 × 19 = 1235

답 구하기 1235 kg

5 어느 호수 공원의 보트 한 대에 탈 수 있는 최대 정원이 다음과 같이 표시되어 있습니다. 보트 45대에 탈 수 있는 사람은 최대 몇 명입니까?

> 보트
> 🧍 최대 정원 26명

문제 이해하기 ➤ 보트 수: 45 대
➤ 보트 한 대에 탈 수 있는 최대 정원: 26 명

식 세우기 (보트 45대에 탈 수 있는 최대 사람 수)
=(최대 정원)×(보트 수)
= 26 × 45 = 1170

답 구하기 1170 명

6 어느 케이블카는 하루에 72번 운행되고, 한 번에 최대 23명까지 태울 수 있습니다. 하루 동안 이 케이블카를 이용할 수 있는 사람은 최대 몇 명입니까?

문제 이해하기 ➤ 하루에 운행하는 횟수: 72 번
➤ 한 번에 태울 수 있는 최대 정원: 23 명

식 세우기 (하루 동안 케이블카를 이용할 수 있는 최대 사람 수)
=(한 번에 태울 수 있는 최대 정원)×(운행 횟수)
= 23 × 72 = 1656

답 구하기 1656 명

재미있는 수학 놀이터

피라미드는 언제 만들어졌을까요?

고고학자 두 명이 곱셈 피라미드를 연구하고 있어요. 곱셈 피라미드의 규칙에 따라 비어 있는 벽돌에 알맞은 수를 써 주세요. 그리고 두 피라미드 중에서 더 오래된 피라미드에 ○표 하세요.

< 곱셈 피라미드 규칙 >
1. 아래층에 이웃해 있는 두 벽돌에 적힌 수를 곱한 값이 위층 벽돌에 적힌 수와 같다.
2. 피라미드 꼭대기에 있는 벽돌에 적힌 수가 클수록 더 오래된 피라미드이다.

12

3주 3일

^{곱셈}
**올림이 여러 번 있는
(몇십몇) × (몇십몇) ②**

1 석민이와 양희 중에서 방울토마토를 더 많이 담은 사람은 누구입니까?

> 나는 한 상자에 35개씩
> 38상자 담았어.
> 석민

> 나는 한 상자에 27개씩
> 42상자 담았어.
> 양희

문제 이해하기 석민이와 양희가 담은 방울토마토 수를 각각 구한 다음, 계산 결과의 크기를 비교해 봅니다.

식 세우기 (석민이가 담은 방울토마토 수) = (한 상자에 담은 방울토마토 수) × (상자 수)
= 35 × 38 = 1330

(양희가 담은 방울토마토 수) = (한 상자에 담은 방울토마토 수) × (상자 수)
= 27 × 42 = 1134

구하기 석민

2 지수와 동생 중에서 딸기를 더 많이 딴 사람은 누구입니까?

> 나는 한 바구니에 28개씩
> 32바구니 땄어.
> 지수

> 나는 한 바구니에 39개씩
> 25바구니 땄어.
> 동생

문제 이해하기 지수와 동생이 딴 딸기 수를 각각 구한 다음, 계산 결과의 크기를 비교해 봅니다.

식 세우기 (지수가 딴 딸기 수) = (한 바구니에 담은 딸기 수) × (바구니 수)
= 28 × 32 = 896

(동생이 딴 딸기 수) = (한 바구니에 담은 딸기 수) × (바구니 수)
= 39 × 25 = 975

구하기 동생

57

---

3 자전거 공장에서 자전거를 한 시간에 37대씩 만듭니다. 하루에 8시간씩, 4일 동안 만들 수 있는 자전거는 모두 몇 대입니까?

문제 이해하기
▶ 한 시간에 만드는 자전거 수: 37 대
▶ 자전거를 만드는 시간: 하루 8 시간씩, 4 일 동안
→ 전체 32 시간

식 세우기 (4일 동안 만들 수 있는 자전거 수)
= (한 시간에 만드는 자전거 수) × (자전거를 만드는 시간)
= 37 × 32 = 1184

구하기 1184 대

4 지수가 동화책을 하루에 35쪽씩 읽으려고 합니다. 1주일에 7일씩, 4주 동안 읽을 수 있는 동화책은 모두 몇 쪽입니까?

문제 이해하기
▶ 하루에 읽으려는 동화책 쪽수: 35쪽
▶ 동화책을 읽을 날수: 1주일에 7일씩, 4주 동안
→ 전체 28일

식 세우기 (4주 동안 읽을 수 있는 동화책 쪽수)
= (하루에 읽으려는 동화책 쪽수) × (날수)
= 35 × 28 = 980

구하기 980쪽

58

---

5 수 카드를 한 번씩만 사용하여 계산 결과가 가장 큰 곱셈식을 만들어 보시오.

[5] [3] [9] □□ × □4

문제 이해하기
❶ 수 카드에 적힌 수의 크기를 비교해 보면
$3 < 5 < 9$
❷ 곱이 가장 큰 곱셈식을 만들 때는
두 자리 수의 십의 자리에 가장 큰 수인 9 를 놓고
남은 수를 일의 자리에 놓습니다.

□□ × □4

식 세우기 만들 수 있는 곱셈식은
9 5 × 4 3 = 4085
9 3 × 4 5 = 4185

> 계산 결과를 비교해 봐!

구하기 9 3 × 4 5

6 수 카드를 한 번씩만 사용하여 계산 결과가 가장 큰 곱셈식을 만들어 보시오.

[8] [2] [4] □□ × □7

문제 이해하기
❶ 수 카드에 적힌 수의 크기를 비교해 보면
$2 < 4 < 8$
❷ 곱이 가장 큰 곱셈식을 만들 때는
두 자리 수의 십의 자리에 가장 큰 수인 8 을 놓고
남은 수를 일의 자리에 놓습니다.

식 세우기 만들 수 있는 곱셈식은
$84 × 72 = 6048$
$82 × 74 = 6068$

구하기 $82 × 71$

59

재미있는 수학 놀이터

도둑 루루가 숨어 있는 방은 어디?

도둑 루루가 진귀한 보물을 훔쳐서 온 나라를 떠들썩하게 만들었어요. 도둑 루루는 대저택에 숨으며 명탐정 토토가 찾아올 것을 짐작하고 쪽지를 남겨 두었어요. 과연 도둑 루루는 어느 방에 숨어 있을까요? 도둑 루루가 있는 방문에 ○표 하세요.

명탐정 토토!
용케도 날 찾아왔구나. 다음 문제를 풀어 내가 있는 방으로 와라.
10분 내에 나를 찾지 못하면 난 또 사라질 것이다.

두 곱의 합에서 일의 자리 수는?
$49 × 35$ $54 × 33$

[7] [8] [9]

$49 × 35 = 1715, 54 × 33 = 1782$
→ $1715 + 1782 = 3497$

[4] [5] [6]

[1] [2] [3]

60

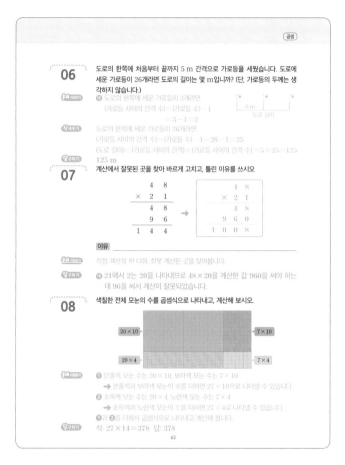

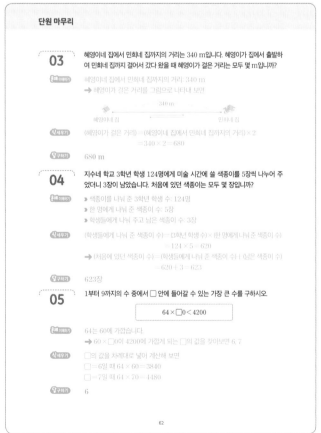

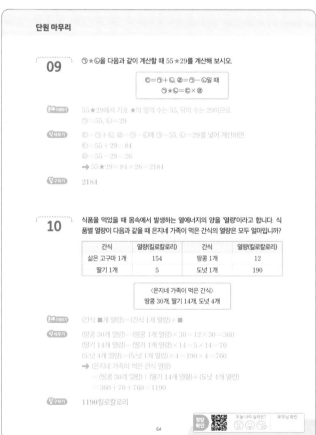

3주/4일 단원 마무리

01 땅콩이 한 봉지에 123개 들어 있습니다. 3봉지에 들어 있는 땅콩은 모두 몇 개입니까?

문제 이해하기
▶ 한 봉지에 들어 있는 땅콩 수: 123개
▶ 땅콩이 들어 있는 봉지 수: 3봉지

식 세우기
(전체 땅콩 수)=(한 봉지에 들어 있는 땅콩 수)×(봉지 수)
=123×3=369

구하기
369개

02 오징어 한 축은 20마리입니다. 오징어 40축은 몇 마리입니까?

문제 이해하기
▶ 오징어 한 축: 20마리
▶ 오징어 40축=오징어 한 축의 40배

식 세우기
(오징어 40축)=(오징어 한 축의 수)×40
=20×40=800

구하기
800마리

단원 마무리

03 혜영이네 집에서 민희네 집까지의 거리는 340 m입니다. 혜영이가 집에서 출발하여 민희네 집까지 걸어서 갔다 왔을 때 혜영이가 걸은 거리는 모두 몇 m입니까?

문제 이해하기
혜영이네 집에서 민희네 집까지의 거리: 340 m
➡ 혜영이가 걸은 거리를 그림으로 나타내 보면

340 m
혜영이네 집   민희네 집

식 세우기
(혜영이가 걸은 거리)=(혜영이네 집에서 민희네 집까지의 거리)×2
=340×2=680

구하기
680 m

04 지수네 학교 3학년 학생 124명에게 미술 시간에 쓸 색종이를 5장씩 나누어 주었더니 3장이 남았습니다. 처음에 있던 색종이는 모두 몇 장입니까?

문제 이해하기
▶ 색종이를 나눠 준 3학년 학생: 124명
▶ 한 명에게 나눠 준 색종이 수: 5장
▶ 학생들에게 나눠 주고 남은 색종이 수: 3장

식 세우기
(학생들에게 나눠 준 색종이)=(3학년 학생 수)×(한 명에게 나눠 준 색종이 수)
=124×5=620
➡ (처음에 있던 색종이 수)=(학생들에게 나눠 준 색종이 수)+(남은 색종이 수)
=620+3=623

구하기
623장

05 1부터 9까지의 수 중에서 □ 안에 들어갈 수 있는 가장 큰 수를 구하시오.

64×□0<4200

문제 이해하기
64는 60에 가깝습니다.
➡ 60×□0이 4200에 가깝게 되는 □의 값을 찾아보면 6, 7

식 세우기
□의 값을 차례대로 넣어 계산해 보면
□=6일 때 64×60=3840
□=7일 때 64×70=4480

구하기
6

---

06 도로의 한쪽에 처음부터 끝까지 5 m 간격으로 가로등을 세웠습니다. 도로에 세운 가로등이 26개라면 도로의 길이는 몇 m입니까? (단, 가로등의 두께는 생각하지 않습니다.)

문제 이해하기
② 도로의 한쪽에 세운 가로등이 3개라면
(가로등 사이의 간격 수)=(가로등 수)−1
=3−1=2

식 세우기
도로의 한쪽에 세운 가로등이 26개라면
(가로등 사이의 간격 수)=(가로등 수)−1=26−1=25
(도로 길이)=(가로등 사이의 간격)×(가로등 사이의 간격 수)=5×25=125
125 m

구하기
125 m

07 계산에서 잘못된 곳을 찾아 바르게 고치고, 틀린 이유를 쓰시오.

```
    4 8              4 8
  × 2 1          × 2 1
    4 8              4 8
    9 6      ➡    9 6 0
  1 4 4          1 0 0 8
```

이유 _____

문제 이해하기
직접 계산을 한 다음, 잘못 계산된 곳을 찾아봅니다.

구하기
② 21에서 2는 20을 나타내므로 48×20을 계산한 값 960을 써야 하는데 96을 써서 계산이 잘못되었습니다.

08 색칠한 전체 모눈의 수를 곱셈식으로 나타내고, 계산해 보시오.

20×10   7×10
20×4   7×4

문제 이해하기
❶ 분홍색 모눈의 수는 20×10, 보라색 모눈의 수는 7×10
➡ 분홍색과 보라색 모눈의 수를 더하면 27×10으로 나타낼 수 있습니다.
❷ 초록색 모눈의 수는 20×4, 노란색 모눈의 수는 7×4
➡ 초록색과 노란색 모눈의 수를 더하면 27×4로 나타낼 수 있습니다.
❶과 ❷를 더해서 곱셈식으로 나타내고 계산해 봅니다.

구하기
식: 27×14=378   답: 378

단원 마무리

09 ㉠★㉡을 다음과 같이 계산할 때 55★29를 계산해 보시오.

㉢=㉠+㉡, ㉣=㉠−㉡일 때
㉠★㉡=㉢×㉣

문제 이해하기
55★29에서 기호 ★의 앞의 수는 55, 뒤의 수는 29이므로
㉠=55, ㉡=29

식 세우기
㉢=㉠+㉡, ㉣=㉠−㉡에 ㉠=55, ㉡=29를 넣어 계산하면
㉢=55+29=84
㉣=55−29=26
➡ 55★29=84×26=2184

구하기
2184

10 식품을 먹었을 때 몸속에서 발생하는 열에너지의 양을 '열량'이라고 합니다. 식품별 열량이 다음과 같을 때 은지네 가족이 먹은 간식의 열량은 모두 얼마입니까?

간식	열량(킬로칼로리)	간식	열량(킬로칼로리)
삶은 고구마 1개	154	땅콩 1개	12
딸기 1개	5	도넛 1개	190

〈은지네 가족이 먹은 간식〉
땅콩 30개, 딸기 14개, 도넛 4개

문제 이해하기
(간식 ■개 열량)=(간식 1개 열량)× ■

식 세우기
(땅콩 30개 열량)=(땅콩 1개 열량)×30=12×30=360
(딸기 14개 열량)=(딸기 1개 열량)×14=5×14=70
(도넛 4개 열량)=(도넛 1개 열량)×4=190×4=760
➡ (은지네 가족이 먹은 간식 열량)
=(땅콩 30개 열량)+(딸기 14개 열량)+(도넛 4개 열량)
=360+70+760=1190

구하기
1190킬로칼로리

3주 5일

나눗셈
(몇십)÷(몇)

▶ 십 모형 6개를 똑같이 2묶음으로 나누면
한 묶음에 십 모형이 3개입니다.
➡ $60÷2=30$

▶ 십 모형 5개를 똑같이 2묶음으로 나누면
한 묶음에 십 모형이 2개, 일 모형이 5개입니다.
➡ $50÷2=25$

실력 확인하기

계산을 하시오.

1 $20÷2=$ 10

2 $50÷5=$ 10

3 $80÷4=$ 20

4 $90÷3=$ 30

5 $60÷5=$ 12

6 $80÷5=$ 16

7 $70÷2=$ 35

8 $90÷6=$ 15

67

---

1 색종이 60장을 3명에게 똑같이 나누어 주려고 합니다. 한 명에게 색종이를 몇 장씩 줄 수 있을까요?

문제 이해하기
▶ 전체 색종이 수: 60 장
▶ 사람 수: 3 명
➡ 전체 색종이 수를 수 모형으로 나타낼 때, 수 모형을 3묶음으로 똑같이 나누어 보면

식 세우기 (한 명에게 줄 수 있는 색종이 수)=(전체 색종이 수)÷(사람 수)
= 60 ÷ 3 = 20

답 구하기 20 장

2 연필 40자루를 4명에게 똑같이 나누어 주려고 합니다. 한 명에게 연필을 몇 자루씩 줄 수 있을까요?

문제 이해하기
▶ 전체 연필 수: 40 자루
▶ 사람 수: 4 명

식 세우기 (한 명에게 줄 수 있는 연필 수)
=(전체 연필 수)÷(사람 수)
= 40 ÷ 4 = 10

답 구하기 10 자루

3 물고기가 한 망에 10마리씩 8망이 있습니다. 이 물고기를 2명이 똑같이 나누어 가지려고 합니다. 한 명이 몇 마리씩 가질 수 있을까요?

문제 이해하기
▶ 물고기 수:
한 망에 10 마리씩 8 망
➡ 전체 80 마리
▶ 사람 수: 2 명

식 세우기 (한 명이 가질 수 있는 물고기 수)
=(전체 물고기 수)÷(사람 수)
= 80 ÷ 2 = 40

답 구하기 10 마리

68

---

4 사탕 70개가 있습니다. 한 명당 사탕을 5개씩 나누어 준다면 몇 명에게 나누어 줄 수 있습니까?

문제 이해하기
▶ 전체 사탕 수: 70 개
▶ 한 명당 나누어 줄 사탕 수: 5 개
➡ 전체 사탕 수를 수 모형으로 나타낼 때 수 모형을 5개씩 묶어 보면

식 세우기 (사탕을 나누어 줄 수 있는 사람 수)
=(전체 사탕 수)÷(한 명당 나누어 줄 사탕 수)
= 70 ÷ 5 = 14

답 구하기 14 명

5 딸기 30개가 있습니다. 한 명당 딸기를 2개씩 나누어 준다면 몇 명에게 나누어 줄 수 있습니까?

문제 이해하기
▶ 전체 딸기 수: 30 개
▶ 한 명당 나누어 줄 딸기 수: 2 개

식 세우기 (딸기를 나누어 줄 수 있는 사람 수)
=(전체 딸기 수)
÷(한 명당 나누어 줄 딸기 수)
= 30 ÷ 2 = 15

답 구하기 15 명

6 남학생 32명과 여학생 28명이 있습니다. 학생들이 한 줄에 4명씩 서면 모두 몇 줄이 됩니까?

문제 이해하기
▶ 학생 수:
남학생 32 명, 여학생 28 명
➡ 전체 60 명
▶ 한 줄에는 학생 수: 4 명

식 세우기 (학생들이 서는 줄 수)
=(전체 학생 수)÷(한 줄에 서는 학생 수)
= 60 ÷ 4 = 15

답 구하기 15 줄

69

재미있는 **수학 놀이터**

핫도그와 추로스를 팔아요

토순이가 5일 동안 공원 매점에서 아르바이트를 하기로 했어요. 핫도그와 추로스를 파는데, 5일 동안 똑같은 양을 팔아야 해요. 토순이가 하루에 팔 수 있는 핫도그와 추로스의 개수를 써 보세요.

핫도그와 추로스는 한 상자에
각각 4개씩 들어 있어, 핫도그 15상자,
추로스 20상자가 있으니까 하루에
몇 개씩 팔아야 할까?

오늘 팔 수 있는
핫도그
12 개

오늘 팔 수 있는
추로스
16 개

(전체 핫도그 수)=$4×15=60$
➡ (하루에 팔 수 있는 핫도그 수)
=$60÷5=12$

(전체 추로스 수)=$4×20=80$
➡ (하루에 팔 수 있는 추로스 수)
=$80÷5=16$

70

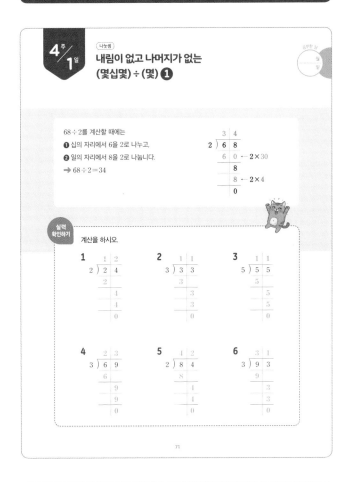

4주 / 1일

(나눗셈)

내림이 없고 나머지가 없는 (몇십몇)÷(몇) ❶

68÷2를 계산할 때에는
❶ 십의 자리에서 6을 2로 나누고,
❷ 일의 자리에서 8을 2로 나눕니다.
➡ 68÷2=34

```
      3 4
  2 ) 6 8
      6   ← 2×30
      8
      8   ← 2×4
      0
```

실력 확인하기

계산을 하시오.

1
```
      1 2
  2 ) 2 4
      2
      4
      4
      0
```

2
```
      1 1
  3 ) 3 3
      3
      3
      3
      0
```

3
```
      1 1
  5 ) 5 5
      5
      5
      5
      0
```

4
```
      2 3
  3 ) 6 9
      6
      9
      9
      0
```

5
```
      4 2
  2 ) 8 4
      8
      4
      4
      0
```

6
```
      3 1
  3 ) 9 3
      9
      3
      3
      0
```

1 구슬 48개를 한 명에게 4개씩 나누어 주려고 합니다. 구슬을 몇 명에게 나누어 줄 수 있습니까?

문제 이해하기 ▶ 전체 구슬 수: 48 개

▶ 한 명에게 나누어 줄 구슬 수: 4 개

➡ 전체 구슬 수를 수 모형으로 나타낼 때 수 모형을 4개씩 묶어 보면

식 세우기 (구슬을 나누어 줄 수 있는 사람 수)
=(전체 구슬 수)÷(한 명에게 나누어 줄 구슬 수)
= 48 ÷ 4 = 12

답 구하기 12 명

2 초콜릿 39개를 한 명에게 3개씩 나누어 주려고 합니다. 초콜릿을 몇 명에게 나누어 줄 수 있습니까?

문제 이해하기 ▶ 전체 초콜릿 수: 39 개

▶ 한 명에게 나누어 줄 초콜릿 수: 3 개

식 세우기 (초콜릿을 나누어 줄 수 있는 사람 수)
=(전체 초콜릿 수)
÷(한 명에게 나누어 줄 초콜릿 수)
= 39 ÷ 3 = 13

답 구하기 13 명

3 지현이는 사탕 46개를 가지고 있습니다. 이 사탕을 한 상자에 2개씩 넣어서 포장한다면 상자는 모두 몇 개 필요합니까?

문제 이해하기 ▶ 전체 사탕 수: 46 개

▶ 한 상자에 넣을 사탕 수: 2 개

식 세우기 (필요한 상자 수)
=(전체 사탕 수)
÷(한 상자에 넣을 사탕 수)
= 46 ÷ 2 = 23

답 구하기 23 개

4 물고기 36마리를 어항 3개에 똑같이 나누어 넣으려고 합니다. 어항 한 개에 물고기를 몇 마리씩 넣을 수 있습니까?

문제 이해하기 ▶ 전체 물고기 수: 36 마리

▶ 어항 수: 3 개

➡ 전체 물고기 수를 수 모형으로 나타낼 때 수 모형을 3묶음으로 똑같이 나누어 보면

식 세우기 (어항 한 개에 넣을 수 있는 물고기 수)=(전체 물고기 수)÷(어항 수)
= 36 ÷ 3 = 12

답 구하기 12 마리

5 클립 28개를 2상자에 똑같이 나누어 담으려고 합니다. 한 상자에 클립을 몇 개씩 담을 수 있습니까?

문제 이해하기 ▶ 전체 클립 수: 28 개

▶ 상자 수: 2 상자

식 세우기 (한 상자에 담을 수 있는 클립 수)
=(전체 클립 수)÷(상자 수)
= 28 ÷ 2 = 14

답 구하기 14 개

6 딸기 84개를 4명이 똑같이 나누어 먹으려고 합니다. 한 명이 먹을 수 있는 딸기는 몇 개입니까?

문제 이해하기 ▶ 전체 딸기 수: 84 개

▶ 사람 수: 4 명

식 세우기 (한 명이 먹을 수 있는 딸기 수)
=(전체 딸기 수)÷(사람 수)
= 84 ÷ 4 = 21

답 구하기 21 개

오늘 나의 실력은? 부모님 확인

재미있는 **수학 놀이터**

강아지를 데리고 간 사람은 누구?

어젯밤 별별 마트를 지키던 강아지가 사라졌어요. 그 시간 매장 직원들은 물건 정리를 하고 있었다고 합니다. 신고를 받은 탐정이 와서 직원들에게 질문을 하자 강아지를 데리고 간 직원은 당황했는지 잘못된 계산식을 말하고 있어요. 누구인지 찾아 ○표 하세요.

16

4주 2일 [나눗셈]

내림이 없고 나머지가 없는 (몇십몇)÷(몇) ❷

1 다음에서 같은 모양은 같은 수를 나타낼 때, ♥에 알맞은 수를 구하시오.

· 6×8=★ · ★÷2=♥

[문제 이해하기] ♥를 구하려면 ★을 알아야 합니다.
➡ 먼저 ★을 구합니다.

[식 세우기] ★=6×8= 48

➡ ♥=★÷2= 48 ÷2= 24

[답 구하기] 24

2 다음에서 같은 모양은 같은 수를 나타낼 때, ♣에 알맞은 수를 구하시오.

· 9×7=♠ · ♠÷3=♣

[문제 이해하기] ♣를 구하려면 ♠를 알아야 합니다.
➡ 먼저 ♠를 구합니다.

[식 세우기] ♠=9×7=63

➡ ♣=♠÷3=63÷3=21

[답 하기] 21

75

3 3장의 수 카드 중에서 2장을 골라 한 번씩만 사용하여 가장 큰 두 자리 수를 만들었습니다. 만든 두 자리 수를 남은 수 카드의 수로 나누었을 때의 몫을 구하시오.

6 2 4

[문제 이해하기]
❶ 수 카드에 적힌 세 수의 크기를 비교해 보면
2 < 4 < 6
❷ 만들 수 있는 가장 큰 두 자리 수는 64
두 자리 수를 만들고 남은 수 카드의 수는 2

[식 세우기] (가장 큰 두 자리 수)÷(남은 수 카드의 수)
= 64 ÷ 2 = 32

[답 구하기] 32

4 3장의 수 카드 중에서 2장을 골라 한 번씩만 사용하여 가장 큰 두 자리 수를 만들었습니다. 만든 두 자리 수를 남은 수 카드의 수로 나누었을 때의 몫을 구하시오.

9 6 3

[문제 이해하기]
❶ 수 카드에 적힌 세 수의 크기를 비교해 보면
3 < 6 < 9
❷ 만들 수 있는 가장 큰 두 자리 수는 96
두 자리 수를 만들고 남은 수 카드의 수는 3

[식 세우기] (가장 큰 두 자리 수)÷(남은 수 카드의 수)
= 96 ÷ 3 = 32

[답 구하기] 32

76

5 □ 안에 들어갈 수 있는 수 중에서 가장 작은 수를 구하시오.

□ > 24÷2

[문제 이해하기] 24÷2를 계산한 다음, □ 안에 들어갈 수 있는 수를 생각해 봅니다.

[식 세우기] 24÷2= 12 이므로
□ > 12
➡ □ 안에는 12 보다 (큰 , 작은) 수가 들어갈 수 있습니다.
➡ □= 13 , 14 , 15 ……

가장 작은 수를 찾아야 해!

[답 구하기] 13

6 □ 안에 들어갈 수 있는 수 중에서 가장 큰 수를 구하시오.

□ < 88÷4

[문제 이해하기] 88÷4를 계산한 다음, □ 안에 들어갈 수 있는 수를 생각해 봅니다.

[식 세우기] 88÷4=22이므로
□ < 22
➡ □ 안에는 22보다 작은 수가 들어갈 수 있습니다.
➡ □=1, 2, 3 ……, 20, 21

[답 구하기] 21

77

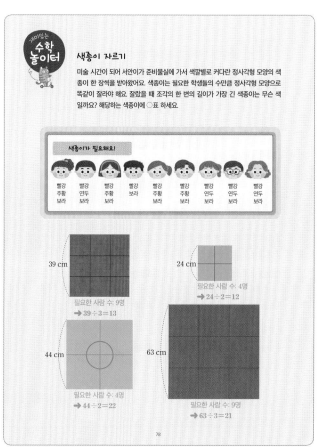

재미있는 수학 놀이터

색종이 자르기

미술 시간이 되어 서안이가 준비물실에 가서 색깔별로 커다란 정사각형 모양의 색종이 한 장씩을 받아왔어요. 색종이는 필요한 학생들의 수만큼 정사각형 모양으로 똑같이 잘라야 해요. 잘랐을 때 조각의 한 변의 길이가 가장 긴 색종이는 무슨 색일까요? 해당하는 색종이에 ○표 하세요.

색종이가 필요해요!

| 빨강 주황 보라 | 빨강 연두 보라 | 빨강 주황 보라 | 빨강 주황 보라 | 빨강 주황 보라 | 빨강 주황 보라 | 빨강 연두 보라 | 빨강 연두 보라 | 빨강 연두 보라 |

39 cm
필요한 사람 수: 9명
➡ 39÷3=13

24 cm
필요한 사람 수: 4명
➡ 24÷2=12

44 cm
필요한 사람 수: 4명
➡ 44÷2=22

63 cm
필요한 사람 수: 9명
➡ 63÷3=21

78

17

4주 3일 나눗셈
내림이 있고 나머지가 없는 (몇십몇)÷(몇) ❶

36÷2를 계산할 때에는
❶ 십의 자리에서 3을 2로 나누고,
❷ 남은 1과 일의 자리 6을 합친 16을 2로 나눕니다.
➡ 36÷2=18

```
    1 8
2 ) 3 6
    2     0 ← 2×10
    1 6
    1 6 ← 2×8
        0
```

실력 확인하기 계산을 하시오.

1
```
    1 7
2 ) 3 4
    2
    1 4
    1 4
        0
```

2
```
    1 4
4 ) 5 6
    4
    1 6
    1 6
        0
```

3
```
    1 5
5 ) 7 5
    5
    2 5
    2 5
        0
```

4
```
    2 6
3 ) 7 8
    6
    1 8
    1 8
        0
```

5
```
    1 2
7 ) 8 4
    7
    1 4
    1 4
        0
```

6
```
    1 2
8 ) 9 6
    8
    1 6
    1 6
        0
```

79

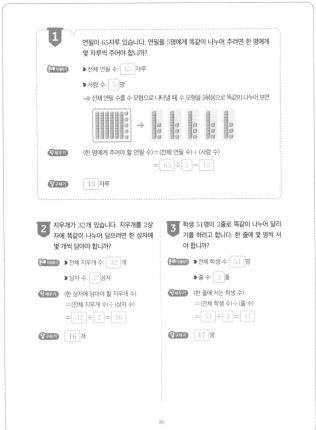

1 연필이 65자루 있습니다. 연필을 5명에게 똑같이 나누어 주려면 한 명에게 몇 자루씩 주어야 합니까?

문제 이해하기 ▶ 전체 연필 수: 65 자루

▶ 사람 수: 5 명

➡ 전체 연필 수를 수 모형으로 나타낼 때 수 모형을 5묶음으로 똑같이 나누어 보면

식 세우기 (한 명에게 주어야 할 연필 수)=(전체 연필 수)÷(사람 수)
= 65 ÷ 5 = 13

답 구하기 13 자루

2 지우개가 32개 있습니다. 지우개를 2상자에 똑같이 나누어 담으려면 한 상자에 몇 개씩 담아야 합니까?

문제 이해하기 ▶ 전체 지우개 수: 32 개

▶ 상자 수: 2 상자

식 세우기 (한 상자에 담아야 할 지우개 수)
=(전체 지우개 수)÷(상자 수)
= 32 ÷ 2 = 16

답 구하기 16 개

3 학생 51명이 3줄로 똑같이 나누어 달리기를 하려고 합니다. 한 줄에 몇 명씩 서야 합니까?

문제 이해하기 ▶ 전체 학생 수: 51 명

▶ 줄 수: 3 줄

식 세우기 (한 줄에 서는 학생 수)
=(전체 학생 수)÷(줄 수)
= 51 ÷ 3 = 17

답 구하기 17 명

80

4 두 사람의 대화를 읽고 필요한 접시는 몇 개인지 구하시오.

> 마카롱 72개를 접시 한 개에 6개씩 나누어 담으려고 해.

> 그럼 접시가 몇 개가 필요할까?

문제 이해하기 ▶ 전체 마카롱 수: 72 개

▶ 접시 한 개에 담을 마카롱 수: 6 개

➡ 전체 마카롱 수를 수 모형으로 나타낼 때 수 모형을 6개씩 묶어 보면

식 세우기 (필요한 접시 수)=(전체 마카롱 수)÷(접시 한 개에 담을 마카롱 수)
= 72 ÷ 6 = 12

답 구하기 12 개

5 상자는 모두 몇 개가 필요합니까?

> 초콜릿 48개를 상자 한 개에 3개씩 나누어 담으려고 해.

문제 이해하기 ▶ 전체 초콜릿 수: 48 개

▶ 상자 한 개에 담을 초콜릿 수: 3 개

식 세우기 (필요한 상자 수)
=(전체 초콜릿 수)
÷(상자 한 개에 담을 초콜릿 수)
= 48 ÷ 3 = 16

답 구하기 16 개

6 장미는 모두 몇 묶음 팔 수 있습니까?

> 장미 54송이를 한 묶음에 2송이씩 묶어서 팔려고 해.

문제 이해하기 ▶ 전체 장미 수: 54 송이

▶ 한 묶음의 장미 수: 2 송이

식 세우기 (팔 수 있는 장미 묶음 수)
=(전체 장미 수)÷(한 묶음의 장미 수)
= 54 ÷ 2 = 27

답 구하기 27 묶음

81

재미있는 수학 놀이터 나눗셈 미로

준서가 나눗셈 미로 방에 들어가려고 합니다. 이 나눗셈 미로 방을 탈출하려면 나눗셈의 몫이 1씩 커지는 곳으로 가야 해요. 준서와 함께 나눗셈을 풀면서 미로 방을 탈출해 주세요.

준서

99÷9 =11	78÷6 =13	36÷3 =12	60÷4 =15
84÷7 =12	65÷5 =13	42÷3 =14	52÷4 =13
68÷4 =17	84÷6 =14	30÷2 =15	90÷6 =15
39÷3 =13	96÷6 =16	64÷4 =16	36÷2 =18
98÷7 =14	76÷4 =19	51÷3 =17	90÷5 =18
48÷3 =16	91÷7 =13	38÷2 =19	57÷3 =19

82

18

4주 4일

<나눗셈>

내림이 있고 나머지가 없는 (몇십몇)÷(몇) ❷

1 몫이 큰 순서대로 기호를 쓰시오.

> ㉠ 57÷3 ㉡ 84÷7 ㉢ 96÷6

나눗셈을 계산해 보면

㉠ 57÷3 = 19

㉡ 84÷7 = 12

㉢ 96÷6 = 16

몫을 비교해 봐!

구하기 ㉠, ㉢, ㉡

2 몫이 작은 순서대로 기호를 쓰시오.

> ㉠ 38÷2 ㉡ 45÷3 ㉢ 68÷4

나눗셈을 계산해 보면

㉠ 38÷2 = 19

㉡ 45÷3 = 15

㉢ 68÷4 = 17

구하기 ㉡, ㉢, ㉠

3 나눗셈 84÷□의 □ 안에 수 카드의 수를 넣었을 때 몫을 가장 크게 하는 수를 찾아 쓰시오.

> 6 3 7 4

❶ 나누어지는 수가 같을 때
나누는 수가 (작을수록, 클수록) 몫이 큽니다.

❷ 수 카드에 적힌 수의 크기를 비교해 보면
3 < 4 < 6 < 7

구하기 3

4 나눗셈 96÷□의 □ 안에 수 카드의 수를 넣었을 때 몫을 가장 작게 하는 수를 찾아 쓰시오.

> 2 8 6 4

❶ 나누어지는 수가 같을 때
나누는 수가 클수록 몫이 작습니다.

❷ 수 카드에 적힌 수의 크기를 비교해 보면
2 < 4 < 6 < 8

구하기 8

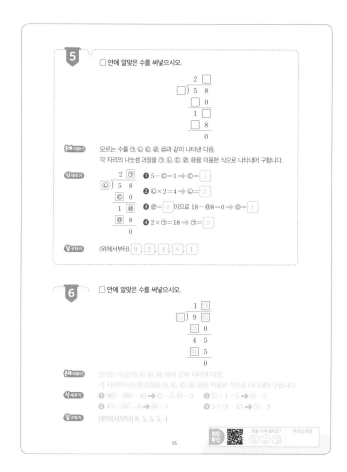

5 □ 안에 알맞은 수를 써넣으시오.

```
       2 □
  □) 5  8
     □  0
     1  8
     □  8
        0
```

모르는 수를 ㉠, ㉡, ㉢, ㉣과 같이 나타낸 다음.
각 자리의 나눗셈 과정을 ㉠, ㉡, ㉢, ㉣을 이용한 식으로 나타내어 구합니다.

```
     2 ㉠
  ㉡) 5  8
     ㉢  0
     1  ㉣
     ㉣  8
        0
```

❶ 5 − ㉢ = 1 ➡ ㉢ = 4

❷ ㉡ × 2 = 4 ➡ ㉡ = 2

❸ ㉣ = 8 이므로 18 − ㉣ = 0 ➡ ㉣ = 1

❹ 2 × ㉠ = 18 ➡ ㉠ = 9

구하기 (위에서부터) 9, 2, 4, 8, 1

6 □ 안에 알맞은 수를 써넣으시오.

```
       1 □
  □) 9  □
     □  0
     4  5
     □  5
        0
```

모르는 수를 ㉠, ㉡, ㉢, ㉣과 같이 나타낸 다음.
각 자리의 나눗셈 과정을 ㉠, ㉡, ㉢, ㉣을 이용한 식으로 나타내어 구합니다.

❶ 9 ㉢ − ㉣ 0 = 45 ➡ ㉣ = 5, ㉣ = 5

❷ ㉡ × 1 − 5 ➡ ㉡ = 5

❸ 45 − ㉣ 5 − 0 ➡ ㉣ = 4

❹ 5 × ㉠ − 45 ➡ ㉠ = 9

구하기 (위에서부터) 9, 5, 5, 5, 4

재미있는 수학 놀이터

스웨터와 장갑

미래네 아파트에서는 추운 겨울에 필요한 스웨터와 장갑을 떠서 봉사를 가려고 합니다. 빨간색 털실 72개, 초록색 털실 96개, 노란색 털실 36개가 준비되어 있어요. 색깔별로 털실의 반은 스웨터를, 반은 장갑을 뜨려고 합니다. 스웨터와 장갑을 각각 몇 개씩 뜰 수 있는지 쓰세요.

> 스웨터를 하나 뜨는 데에는 털실이 6개가 필요해.

> 장갑 한 켤레는 털실 3개면 충분해.

빨간색 털실: 72÷2=36
스웨터: 36÷6=6
장갑: 36÷3=12

초록색 털실: 96÷2=48
스웨터: 48÷6=8
장갑: 48÷3=16

노란색 털실: 36÷2=18
스웨터: 18÷6=3
장갑: 18÷3=6

19

4주 5일 〔나눗셈〕 내림이 없고 나머지가 있는 (몇십몇)÷(몇) ❶

26÷3을 계산할 때에는
십의 자리에서 2를 3으로 나눌 수 없으므로
일의 자리에서 26을 3으로 나눕니다.

➡ 26÷3=8 … 2
└ 나머지는 항상 나누는 수보다 작아요.

$$3\overline{)26}$$
$$\underline{24}\ \leftarrow 3\times 8$$
$$2$$

실력 확인하기

계산을 하시오.

1
$$2\overline{)19}$$
9 / 18 / 1

2
$$4\overline{)27}$$
6 / 24 / 3

3
$$9\overline{)71}$$
7 / 63 / 8

4
$$3\overline{)38}$$
12 / 3 / 8 / 6 / 2

5
$$2\overline{)45}$$
22 / 4 / 5 / 4 / 1

6
$$5\overline{)59}$$
11 / 5 / 9 / 5 / 4

87

---

1 풍선이 34개 있습니다. 6명이 똑같이 나누어 가진다면 한 명이 풍선을 몇 개씩 가질 수 있고, 몇 개씩 남습니까?

문제 이해하기 ▸ 전체 풍선 수: 34 개
▸ 사람 수: 6 명
➡ 전체 풍선 수를 수 모형으로 나타낼 때 수 모형을 6묶음으로 똑같이 나누어 보면

식 세우기 (전체 풍선 수)÷(사람 수)
= 34 ÷ 6 = 5 … 4

답구하기 한 명이 가질 풍선 수: 5 개, 남는 풍선 수: 4 개

2 고무줄이 23개 있습니다. 5명이 똑같이 나누어 가진다면 한 명이 고무줄을 몇 개씩 가질 수 있고, 몇 개가 남습니까?

문제 이해하기 ▸ 전체 고무줄 수: 23 개
▸ 사람 수: 5 명

식 세우기 (전체 고무줄 수)÷(사람 수)
= 23 ÷ 5 = 4 … 3

답구하기 한 명이 가질 고무줄 수: 4 개
남는 고무줄 수: 3 개

3 자석 46개를 4상자에 똑같이 나누어 담으려고 합니다. 한 상자에 자석을 몇 개씩 나누어 담을 수 있고, 몇 개가 남습니까?

문제 이해하기 ▸ 전체 자석 수: 46 개
▸ 상자 수: 4 상자

식 세우기 (전체 자석 수)÷(상자 수)
= 46 ÷ 4 = 11 … 2

답구하기 한 상자에 담을 자석 수: 11 개
남는 자석 수: 2 개

88

---

4 멜론 35개를 한 상자에 3개씩 담으려고 합니다. 상자는 몇 개가 필요하고, 멜론은 몇 개가 남습니까?

문제 이해하기 ▸ 전체 멜론 수: 35 개
▸ 한 상자에 담을 멜론 수: 3 개
➡ 전체 멜론 수를 수 모형으로 나타낼 때, 수 모형을 3개씩 묶어 보면

식 세우기 (전체 멜론 수)÷(한 상자에 담을 멜론 수)
= 35 ÷ 3 = 11 … 2

답구하기 상자 수: 11 개, 남는 멜론 수: 2 개

5 양파 41개를 한 봉지에 5개씩 담으려고 합니다. 봉지는 몇 개가 필요하고, 양파는 몇 개가 남습니까?

문제 이해하기 ▸ 전체 양파 수: 41 개
▸ 한 봉지에 담을 양파 수: 5 개

식 세우기 (전체 양파 수)÷(한 봉지에 담을 양파 수)
= 41 ÷ 5 = 8 … 1

답구하기 봉지 수: 8 개
남는 양파 수: 1 개

6 색 테이프 4 cm로 리본 한 개를 만들 수 있습니다. 색 테이프 67 cm로 리본을 몇 개까지 만들 수 있고, 남는 색 테이프는 몇 cm입니까?

문제 이해하기 색 테이프 67 cm를 4 cm씩 잘라 보면

색 테이프 67 cm
4 cm

식 세우기 (전체 색 테이프 길이)÷(리본 한 개의 길이)
= 67 ÷ 4 = 16 … 3

답구하기 리본 수: 16 개
남는 색 테이프 길이: 3 cm

89

〔게임하는 수학 놀이터〕 남은 먹이는 몇 개?

다람쥐, 토끼, 원숭이가 시장에 내다 팔 먹이를 포장하고 있어요. 다람쥐는 도토리를 자루에, 토끼는 당근을 상자에, 원숭이는 바나나를 바구니에 똑같이 나누어서 포장해야 해요. 포장하고 남은 것은 먹어도 된다고 합니다. 세 동물이 먹을 수 있는 먹이를 탁자 위에 그려 보세요.

나는 75개의 도토리를 7개의 자루에 똑같이 나누어 담아야 해.

나는 4개의 상자에 42개의 당근을 똑같이 나누어 담아야 해.

나는 21개의 바나나를 2개의 바구니에 똑같이 나누어 담아야 해.

다람쥐 토끼 원숭이

75÷7
몫: 10, 나머지: 5

42÷4
몫: 10, 나머지: 2

21÷2
몫: 10, 나머지: 1

90

20

5주/1일 나눗셈

내림이 없고 나머지가 있는 (몇십몇)÷(몇) ❷

1 나머지가 4가 될 수 없는 식을 찾아 ○표 하시오.

□÷8	□÷3	□÷5
( )	( )	( )

문제 이해하기
❶ 나머지는 나누는 수보다 항상 (큽니다 , 작습니다).
❷ □÷8에서 나누는 수는 8
　□÷3에서 나누는 수는 3
　□÷5에서 나누는 수는 5

답 구하기 ( ) (○) ( )

2 나머지가 3이 될 수 없는 식을 찾아 ○표 하시오.

□÷4	□÷6	□÷2
( )	( )	( )

문제 이해하기
❶ 나머지는 나누는 수보다 항상 작습니다.
❷ □÷4에서 나누는 수는 4
　□÷6에서 나누는 수는 6
　□÷2에서 나누는 수는 2

답 구하기 ( ) ( ) (○)

91

3 나눗셈 3□÷5는 나누어떨어집니다. 0부터 9까지의 수 중에서 □ 안에 들어갈 수 있는 수를 모두 구하시오.

문제 이해하기 나누어떨어진다. ➡ 나머지가 0 이다.

식 세우기 나눗셈의 몫을 ★이라 하고 세로 형식으로 나타내 보면

```
      ★
  5 ) 3 □
      3 □
        0
```

➡ 나머지가 0 이어야 하므로 5×★=3□
➡ ★과 □ 안에 들어갈 수 있는 수를 찾아보면
　5×6=30, 5×7=35

5단 곱셈구구에서
곱의 십의 자리 수가 3인
경우를 찾아봐.

답 구하기 0 , 5

4 나눗셈 4□÷6은 나누어떨어집니다. 0부터 9까지의 수 중에서 □ 안에 들어갈 수 있는 수를 모두 구하시오.

문제 이해하기 나누어떨어진다. ➡ 나머지가 0이다.

식 세우기 나눗셈의 몫을 ♥라 하고 세로 형식으로 나타내 보면

```
      ♥
  6 ) 4 □
      4 □
        0
```

➡ 나머지가 0이어야 하므로 6×♥=4□
➡ ♥와 □ 안에 들어갈 수 있는 수를 찾아보면
　6×7=42, 6×8=48

답 구하기 2, 8

92

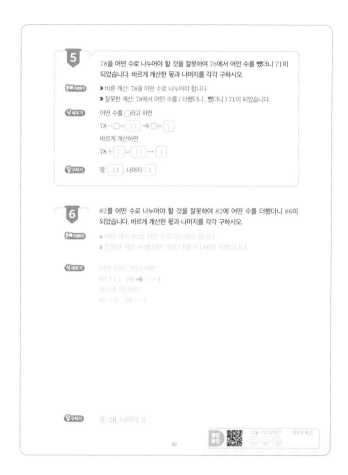

5 78을 어떤 수로 나누어야 할 것을 잘못하여 78에서 어떤 수를 뺐더니 71이 되었습니다. 바르게 계산한 몫과 나머지를 각각 구하시오.

문제 이해하기
▸ 바른 계산: 78을 어떤 수로 나누어야 합니다.
▸ 잘못한 계산: 78에서 어떤 수를 (더했더니 , 뺐더니) 71이 되었습니다.

식 세우기 어떤 수를 □라고 하면
78−□= 71 ➡ □= 7
바르게 계산하면
78÷ 7 = 11 … 1

답 구하기 몫: 11 , 나머지: 1

6 82를 어떤 수로 나누어야 할 것을 잘못하여 82에 어떤 수를 더했더니 86이 되었습니다. 바르게 계산한 몫과 나머지를 각각 구하시오.

문제 이해하기
▸ 바른 계산: 82를 어떤 수로 나누어야 합니다.
▸ 잘못한 계산: 82에 어떤 수를 더했더니 86이 되었습니다.

식 세우기 어떤 수를 □라고 하면
82+□=86 ➡ □=4
바르게 계산하면
82÷4=20 … 2

답 구하기 몫: 20, 나머지: 2

93

재미있는 **수학 놀이터**

놀이 기구 타기

미래네 학교에서는 놀이공원으로 소풍을 갔어요. 자유 시간이 되자 미래와 영훈이는 쌩쌩 열차를 타려고 줄을 섰어요. 쌩쌩 열차는 8명이 모여야 탈 수 있대요. 미래와 영훈이가 쌩쌩 열차를 타려면 뒤로 몇 명이 더 와야 하는지 써 보세요.

우리 앞에 줄을 선 사람이 58명이야. 우리 차례가 되려면 조금 기다려야 해.

응. 그런데 8명이 모여야 탈 수 있으니까 우리 뒤로 4 명이 더 와야 해.

미래　　영훈

58÷8=7 … 2

➡ (앞의 2명)＋미래＋영훈＋(뒤의 4명)

8명

94

5주 2일 [나눗셈]

내림이 있고 나머지가 있는 (몇십몇)÷(몇) ❶

37÷2를 계산할 때에는
❶ 십의 자리에서 3을 2로 나누고,
❷ 남은 1과 일의 자리 7을 합친 17을 2로 나눕니다.
➡ 37÷2=18 … 1

```
      1 8
  2 ) 3 7
      2 0 ←─2×10
      1 7
      1 6 ←─2×8
          1
```

실력 확인하기 계산을 하시오.

1
```
      2 9
  2 ) 5 9
      4
      1 9
      1 8
          1
```

2
```
      2 7
  3 ) 8 2
      6
      2 2
      2 1
          1
```

3
```
      1 7
  4 ) 7 1
      4
      3 1
      2 8
          3
```

4
```
      1 2
  7 ) 8 6
      7
      1 6
      1 4
          2
```

5
```
      1 5
  5 ) 7 8
      5
      2 8
      2 5
          3
```

6
```
      1 3
  6 ) 8 3
      6
      2 3
      1 8
          5
```

95

---

1 콩 주머니 73개를 6상자에 똑같이 나누어 담으려고 합니다. 한 상자에 몇 개씩 담을 수 있고, 몇 개가 남습니까?

문제 이해하기
▶ 전체 콩 주머니 수: 73 개
▶ 상자 수: 6 상자
➡ 전체 콩 주머니 수를 수 모형으로 나타낼 때, 수 모형을 6묶음으로 똑같이 나누어 보면

식 세우기 (전체 콩 주머니 수)÷(상자 수)
= 73 ÷ 6 = 12 … 1

답 구하기 한 상자에 담을 콩 주머니 수: 12 개, 남는 콩 주머니 수: 1 개

2 야구공 47개를 3상자에 똑같이 나누어 담으려고 합니다. 한 상자에 몇 개씩 담을 수 있고, 몇 개가 남습니까?

문제 이해하기 ▶ 전체 야구공 수: 47 개
▶ 상자 수: 3 상자

식 세우기 (전체 야구공 수)÷(상자 수)
= 47 ÷ 3 = 15 … 2

답 구하기 한 상자에 담을 야구공 수: 15 개
남는 야구공 수: 2 개

3 고구마가 한 봉지에 7개씩 9봉지 있습니다. 이 고구마를 4명에게 똑같이 나누어 주려고 합니다. 한 명에게 몇 개씩 줄 수 있고, 몇 개가 남습니까?

문제 이해하기 ▶ 고구마 수:
한 봉지에 7 개씩 9 봉지
➡ 전체 63 개
▶ 사람 수: 4 명

식 세우기 (전체 고구마 수)÷(사람 수)
= 63 ÷ 4 = 15 … 3

답 구하기 한 명에게 줄 고구마 수: 15 개
남는 고구마 수: 2 개

96

---

4 문제를 바르게 설명한 사람이 누구인지 찾아 이름을 쓰시오.

$$55÷3=\square \cdots \square$$

(민주) 몫은 20보다 크구나.
(성준) 나머지는 1이고, 나누어떨어지지 않아.

문제 이해하기 나눗셈의 몫과 나머지를 구해 보면
55÷3= 18 … 1
▶ 민주: 몫이 18 이므로 20보다 (큽니다 , 작습니다).
▶ 성준: 나머지가 1 이므로 (나누어떨어집니다 , 나누어떨어지지 않습니다).

답 구하기 성준

5 문제를 바르게 설명한 사람이 누구인지 찾아 이름을 쓰시오.

$$79÷4=\square \cdots \square$$

(은지) 몫은 두 자리 수야.
(우진) 나머지는 2보다 작아.

문제 이해하기 나눗셈의 몫과 나머지를 구해 보면
79÷4= 19 … 3
▶ 은지: 몫이 19 이므로
(한 , 두) 자리 수입니다.
▶ 우진: 나머지는 3 이므로
2보다 (큽니다 , 작습니다).

답 구하기 은지

6 문제를 바르게 설명한 사람이 누구인지 찾아 이름을 쓰시오.

$$89÷5=\square \cdots \square$$

(태준) 몫은 15보다 작아.
(효주) 나머지는 4야.
(설민) 나누어떨어지네.

문제 이해하기 나눗셈의 몫과 나머지를 구해 보면
89÷5= 17 … 4
▶ 태준: 몫이 17 이므로
15보다 (큽니다 , 작습니다).
▶ 효주, 설민: 나머지가 4 이므로
(나누어떨어집니다 , 나누어떨어지지 않습니다).

답 구하기 효주

97

재미있는 수학 놀이터

팔찌와 로봇은 몇 개?

나래와 희성이는 문화 센터에서 같은 시간에 만들기 수업을 듣고 있어요. 수업 시간 중 처음 15분은 설명을 듣고, 95분은 직접 만들기를 해요. 나래와 희성이는 팔찌와 로봇을 최대한 많이 만들고 싶어서 수업 시간 동안 쉬지 않고 만들었어요. 나래와 희성이가 만든 팔찌와 로봇은 몇 개인지 적고, 남은 수업 시간도 적어 주세요.

(나래) 팔찌를 13 개 만들었어. 수업 시간은 4 분 남았네.

(희성) 로봇을 11 개 만들었어. 수업 시간은 7 분 남았네.

팔찌를 하나 만드는 데 걸린 시간 7분

로봇을 하나 만드는 데 걸린 시간 8분

95÷7=13 … 4

95÷8=11 … 7

98

22

5주/3일

나눗셈

내림이 있고 나머지가 있는 (몇십몇)÷(몇) ❷

1 쿠키 67개를 상자에 똑같이 나누어 담으려고 합니다. 한 상자에 4개까지 담을 수 있을 때, 쿠키를 남김없이 모두 담으려면 상자는 적어도 몇 개 필요합니까?

문제 이해하기 쿠키 67개를 한 상자에 4개씩 나누어 담아 보면

쿠키 67 개

남은 쿠키?

식 세우기 (전체 쿠키 수)÷(한 상자에 담을 수 있는 쿠키 수)

= 67 ÷ 4 = 16 … 3

남은 쿠키도 담을 상자가 필요해!

답 구하기 17 개

2 감 87개를 봉지에 똑같이 나누어 담으려고 합니다. 한 봉지에 6개까지 담을 수 있을 때, 감을 남김없이 모두 담으려면 봉지는 적어도 몇 개 필요합니까?

문제 이해하기 감 87개를 한 봉지에 6개씩 나누어 담아 보면

감 87개

남은 감?

식 세우기 (전체 감 수)÷(한 봉지에 담을 수 있는 감 수)

87 ÷ 6 = 14 … 3

답 구하기 15개

99

3 4장의 수 카드 중에서 3장을 골라 한 번씩만 사용하여 몫이 가장 큰 (두 자리 수)÷(한 자리 수)를 만들었습니다. 만든 나눗셈의 몫과 나머지를 각각 구하시오.

| 9 | 4 | 7 | 5 |

문제 이해하기
▶ 몫이 가장 큰 나눗셈을 만들려면
나누어지는 수는 가장 (크게 , 작게), 나누는 수는 가장 (크게 , 작게) 합니다.
▶ 수 카드에 적힌 수의 크기를 비교해 보면
4 < 5 < 7 < 9
→ 만들 수 있는 가장 큰 두 자리 수는 97
가장 작은 한 자리 수는 4

식 세우기 (가장 큰 두 자리 수)÷(가장 작은 한 자리 수)
= 97 ÷ 4 = 24 … 1

답 구하기 몫: 24 , 나머지: 1

4 4장의 수 카드 중에서 3장을 골라 한 번씩만 사용하여 몫이 가장 큰 (두 자리 수)÷(한 자리 수)를 만들었습니다. 만든 나눗셈의 몫과 나머지를 각각 구하시오.

| 3 | 6 | 4 | 8 |

문제 이해하기
▶ 몫이 가장 큰 나눗셈을 만들려면
나누어지는 수는 가장 크게, 나누는 수는 가장 작게 합니다.
▶ 수 카드에 적힌 수의 크기를 비교해 보면 3 < 4 < 6 < 8
→ 만들 수 있는 가장 큰 두 자리 수는 86
가장 작은 한 자리 수는 3

식 세우기 (가장 큰 두 자리 수)÷(가장 작은 한 자리 수)
= 86 ÷ 3 = 28 … 2

답 구하기 몫: 28, 나머지: 2

100

5 ㉠을 ㉡으로 나누었을 때의 몫과 나머지를 각각 구하시오.

・㉠÷8=12 ・21÷㉡=3

문제 이해하기 '■÷●=▲ ➡ ■=▲×● 또는 ■=●×▲'임을 이용하여 ㉠과 ㉡의 값을 먼저 구합니다.

식 세우기 ・㉠÷8=12이므로 ㉠= 12 ×8= 96
・21÷㉡=3이므로 21 ÷㉡=3 ➡ ㉡= 7
➡ ㉠÷㉡= 96 ÷ 7 = 13 … 5

답 구하기 몫: 13 , 나머지: 5

6 ㉠을 ㉡으로 나누었을 때의 몫과 나머지를 각각 구하시오.

・㉠÷3=17 ・36÷㉡=9

문제 이해하기 ■÷●=▲ ➡ ■=●×▲ 또는 ■=▲×●임을 이용하여 ㉠과 ㉡의 값을 먼저 구합니다.

식 세우기 ・㉠÷3=17 ➡ ㉠=17×3=51
・36÷㉡=9이므로 36÷㉡=9 ➡ ㉡=4
➡ ㉠÷㉡=51÷4=12 … 3

답 구하기 몫: 12, 나머지: 3

101

게임하는 수학 놀이터

도깨비의 나이 찾기

도깨비들은 무엇이든 잘 잊는다고 해요. 점심에 무엇을 먹었는지도 잊고, 친구와의 약속도 잊고, 자신의 나이도 잊는다고 합니다. 그래서 도깨비들은 항상 주머니에 자신의 나이에 대한 단서를 써서 가지고 다녀요. 단서를 보고 가장 나이가 많은 도깨비에 ○표 하세요.

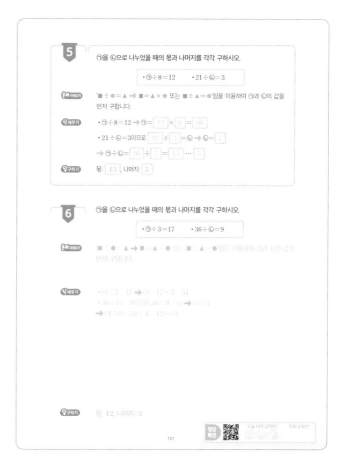

1. 70보다 크고 80보다 작습니다.
2. 4로 나누면 나누어떨어집니다. 72 76
3. 5로 나누면 나머지가 2입니다. 2 1

72살

1. 70보다 큰 두 자리 수입니다.
2. 9로 나누면 나누어떨어집니다. 72 81 90 99
3. 4로 나누면 나머지가 1입니다. 0 1 2 3

81살

1. 60보다 큰 두 자리 수로, 십의 자리와 일의 자리 숫자가 같습니다. 66 77 88 99
2. 3으로 나누면 나머지가 1입니다. 0 1 1 0

88살

102

23

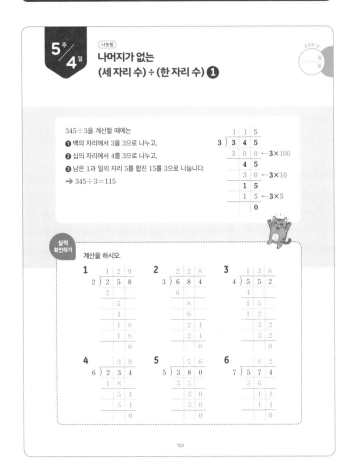

5주/4일 나눗셈

나머지가 없는 (세 자리 수)÷(한 자리 수) ①

345÷3을 계산할 때에는
❶ 백의 자리에서 3을 3으로 나누고,
❷ 십의 자리에서 4를 3으로 나누고,
❸ 남은 1과 일의 자리 5를 합친 15를 3으로 나눕니다.
➜ 345÷3=115

```
      1 1 5
3 ) 3 4 5
    3 0 0  ← 3×100
      4 5
      3 0  ← 3×10
      1 5
      1 5  ← 3×5
        0
```

실력 확인하기 계산을 하시오.

1
```
      1 2 9
2 ) 2 5 8
    2
      5
      4
      1 8
      1 8
        0
```

2
```
      2 2 8
3 ) 6 8 4
    6
      8
      6
      2 4
      2 4
        0
```

3
```
      1 3 8
4 ) 5 5 2
    4
      1 5
      1 2
      3 2
      3 2
        0
```

4
```
      3 9
6 ) 2 3 4
    1 8
      5 4
      5 4
        0
```

5
```
      7 6
5 ) 3 8 0
    3 5
      3 0
      3 0
        0
```

6
```
      8 2
7 ) 5 7 4
    5 6
      1 4
      1 4
        0
```

103

4 고무찰흙 468개를 한 명당 3개씩 나누어 주려고 합니다. 고무찰흙을 몇 명에게 나누어 줄 수 있습니까?

문제 이해하기
▶ 전체 고무찰흙 수: 468 개
▶ 한 명당 나누어 줄 고무찰흙 수: 3 개
➜ 고무찰흙 468개를 3개씩 나누어 보면

고무찰흙 468 개

식 세우기
(고무찰흙을 나누어 줄 수 있는 학생 수)
=(전체 고무찰흙 수)÷(한 명당 나누어 줄 고무찰흙 수)
= 468 ÷ 3 = 156

답 구하기 156 명

5 모눈종이 264장을 한 명당 4장씩 나누어 주려고 합니다. 모눈종이를 몇 명에게 나누어 줄 수 있습니까?

문제 이해하기
▶ 전체 모눈종이 수: 264 장
▶ 한 명당 나누어 줄 모눈종이 수: 4 장

식 세우기
(나누어 줄 수 있는 학생 수)
=(전체 모눈종이 수)
÷(한 명당 나누어 줄 모눈종이 수)
= 264 ÷ 4 = 66

답 구하기 66 명

6 민호네 학교 3학년 학생들이 7명씩 앉을 수 있는 긴 의자에 모두 앉으려면 긴 의자는 적어도 몇 개가 필요합니까?

반	1	2	3	4	합계
학생 수 (명)	30	33	32	31	126

문제 이해하기
▶ 전체 학생 수: 126 명
▶ 의자 한 개에 앉는 학생 수: 7 명

식 세우기
(필요한 의자 수)
=(전체 학생 수)
÷(의자 한 개에 앉는 학생 수)
= 126 ÷ 7 = 18

답 구하기 18 개

105

1 바구니에 담긴 땅콩 252개를 6봉지에 똑같이 나누어 담으려고 합니다. 한 봉지에 몇 개씩 담을 수 있습니까?

문제 이해하기
▶ 전체 땅콩 수: 252 개
▶ 봉지 수: 6 봉지

식 세우기
(한 봉지에 담을 수 있는 땅콩 수)=(전체 땅콩 수)÷(봉지 수)
= 252 ÷ 6 = 42

답 구하기 42 개

2 자두 519개를 3상자에 똑같이 나누어 담으려고 합니다. 한 상자에 몇 개씩 담을 수 있습니까?

문제 이해하기
▶ 전체 자두 수: 519 개
▶ 상자 수: 3 상자

식 세우기
(한 상자에 담을 수 있는 자두 수)
=(전체 자두 수)÷(상자 수)
= 519 ÷ 3 = 173

답 구하기 173 개

3 길이가 360 cm인 철사를 5도막으로 똑같이 나누려고 합니다. 자른 한 도막의 길이는 몇 cm입니까?

문제 이해하기
철사 360 cm를 5도막으로 나누어 보면

철사 360 cm

식 세우기
(자른 한 도막의 길이)
=(전체 철사 길이)÷(도막 수)
= 360 ÷ 5 = 72

답 구하기 72 cm

104

재미있는 수학 놀이터

욕실 타일 붙이기

토순이와 토식이가 욕실의 낡은 타일을 떼어 내고 새로 붙이는 공사를 하려고 해요. 새로 붙일 타일은 천장에서 바닥까지 똑바로 한 줄로 붙였을 때 8장이 필요하다고 합니다. 필요한 타일 수는 모두 400장이라고 할 때, 토순이와 토식이가 똑같은 수의 타일을 붙이려면 각각 몇 줄씩 붙이면 되는지 써 보세요.

400÷8=50(줄)
50÷2=25(줄)

우리는 각각 25 줄씩 붙이면 돼.

토순

토식

106

5주 5일 나눗셈

나머지가 없는
(세 자리 수)÷(한 자리 수) ❷

1 ☐ 안에 들어갈 수 있는 수 중에서 가장 큰 수를 구하시오.

$$318 \div 2 > \square$$

문제 이해하기 : 318÷2를 계산한 다음, ☐ 안에 들어갈 수 있는 수를 생각해 봅니다.

식 세우기 :
318÷2= 159 이므로
159 > ☐
➔ ☐ 안에는 159 보다 (큰 , 작은) 수가 들어갈 수 있습니다.
➔ ☐=1, 2, 3, ……, 157 , 158

답 구하기 : 158

2 ☐ 안에 들어갈 수 있는 수 중에서 가장 작은 수를 구하시오.

$$294 \div 6 < \square$$

답 구하기 : 50

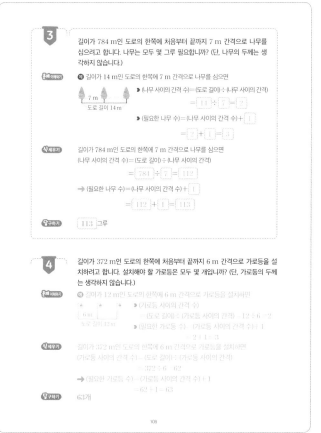

3 길이가 784 m인 도로의 한쪽에 처음부터 끝까지 7 m 간격으로 나무를 심으려고 합니다. 나무는 모두 몇 그루 필요합니까? (단, 나무의 두께는 생각하지 않습니다.)

문제 이해하기 : 예 길이가 14 m인 도로의 한쪽에 7 m 간격으로 나무를 심으면

➔ (나무 사이의 간격 수)=(도로 길이)÷(나무 사이의 간격)
= 14 ÷ 7 = 2
➔ (필요한 나무 수)=(나무 사이의 간격 수)+ 1
= 2 + 1 = 3

식 세우기 : 길이가 784 m인 도로의 한쪽에 7 m 간격으로 나무를 심으면
(나무 사이의 간격 수)=(도로 길이)÷(나무 사이의 간격)
= 784 ÷ 7 = 112
➔ (필요한 나무 수)=(나무 사이의 간격 수)+ 1
= 112 + 1 = 113

답 구하기 : 113 그루

4 길이가 372 m인 도로의 한쪽에 처음부터 끝까지 6 m 간격으로 가로등을 설치하려고 합니다. 설치해야 할 가로등은 모두 몇 개입니까? (단, 가로등의 두께는 생각하지 않습니다.)

답 구하기 : 63개

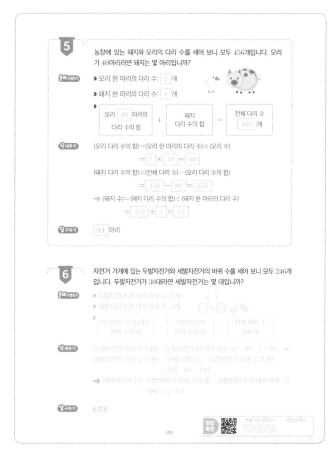

5 농장에 있는 돼지와 오리의 다리 수를 세어 보니 모두 456개입니다. 오리가 40마리라면 돼지는 몇 마리입니까?

문제 이해하기 :
▶ 오리 한 마리의 다리 수: 2 개
▶ 돼지 한 마리의 다리 수: 4 개

| 오리 40 마리의 다리 수의 합 | + | 돼지 다리 수의 합 | = | 전체 다리 수 456 개 |

식 세우기 :
(오리 다리 수의 합)=(오리 한 마리의 다리 수)×(오리 수)
= 2 × 40 = 80
(돼지 다리 수의 합)=(전체 다리 수)-(오리 다리 수의 합)
= 456 - 80 = 376
➔ (돼지 수)=(돼지 다리 수의 합)÷(돼지 한 마리의 다리 수)
= 376 ÷ 4 = 94

답 구하기 : 94 마리

6 자전거 가게에 있는 두발자전거와 세발자전거의 바퀴 수를 세어 보니 모두 246개입니다. 두발자전거가 30대라면 세발자전거는 몇 대입니까?

답 구하기 : 62대

재미있는 수학 놀이터

붕어빵 만들기

붕어빵 가게에 단체 주문이 들어왔어요. 미래초등학교 3학년 147명과 4학년 168명이 모두 하나씩 먹을 붕어빵을 3시까지 만들기로 했어요. 붕어빵 기계는 한 번에 9개씩 붕어빵을 만들 수 있어요. 주문 받은 붕어빵을 모두 만들려면 붕어빵 기계를 모두 몇 번 돌려야 하는지 쓰세요.

(3학년과 4학년 학생 수)
=147+168=315
➔ 315÷9=35

오늘은 엄청 바쁜 날이군.
한 번에 9개씩 만들 수 있으니까
총 35 번을 돌려야 해.

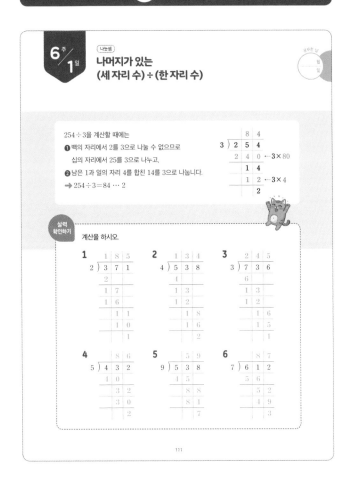

6주/1일 〔나눗셈〕

나머지가 있는
(세 자리 수) ÷ (한 자리 수)

254÷3을 계산할 때에는

❶ 백의 자리에서 2를 3으로 나눌 수 없으므로
  십의 자리에서 25를 3으로 나누고,

❷ 남은 1과 일의 자리 4를 합친 14를 3으로 나눕니다.

➡ 254÷3=84 … 2

```
      8 4
  3) 2 5 4
    2 4 0   ← 3×80
      1 4
      1 2   ← 3×4
        2
```

실력 확인하기

계산을 하시오.

1
```
      1 8 5
  2) 3 7 1
    2
    1 7
    1 6
      1 1
      1 0
        1
```

2
```
      1 3 4
  4) 5 3 8
    4
    1 3
    1 2
      1 8
      1 6
        2
```

3
```
      2 4 5
  3) 7 3 6
    6
    1 3
    1 2
      1 6
      1 5
        1
```

4
```
      8 6
  5) 4 3 2
    4 0
      3 2
      3 0
        2
```

5
```
      5 9
  9) 5 3 8
    4 5
      8 8
      8 1
        7
```

6
```
      8 7
  7) 6 1 2
    5 6
      5 2
      4 9
        3
```

111

1 사탕 495개를 한 명당 4개씩 나누어 주려고 합니다. 몇 명에게 나누어 줄 수 있고, 몇 개가 남습니까?

문제 이해하기
▶ 전체 사탕 수: 495 개
▶ 한 명당 나누어 줄 사탕 수: 4 개
➡ 사탕 495개를 4개씩 나누어 보면

사탕 495개

남은 사탕?

식 세우기
(전체 사탕 수) ÷ (한 명당 나누어 줄 사탕 수)
= 495 ÷ 4 = 123 … 3

답 구하기 사람 수: 123 명, 남은 사탕 수: 3 개

2 젤리 136개를 한 명당 5개씩 나누어 주려고 합니다. 몇 명에게 나누어 줄 수 있고, 몇 개가 남습니까?

문제 이해하기
▶ 전체 젤리 수: 136 개
▶ 한 명당 나누어 줄 젤리 수: 5 개

식 세우기 (전체 젤리 수)
÷ (한 명당 나누어 줄 젤리 수)
= 136 ÷ 5 = 27 … 1

답 구하기 사람 수: 27 명
남는 젤리 수: 1 개

3 리본 한 개를 만드는 데 끈이 9 cm 필요합니다. 길이가 2 m인 끈으로 리본을 몇 개까지 만들 수 있고 남는 끈은 몇 cm입니까?

문제 이해하기 1 m = 100 cm이므로
2 m = 200 cm
➡ 끈을 9 cm씩 잘라 보면

끈 200 cm

9 cm

식 세우기 (전체 끈 길이) ÷ (리본 한 개의 길이)
= 200 ÷ 9 = 22 … 2

답 구하기 리본 수: 22 개
남는 끈 길이: 2 cm

112

4 딱지 267장을 8명에게 똑같이 나누어 주려고 합니다. 한 명에게 몇 장씩 줄 수 있고, 몇 장이 남습니까?

문제 이해하기
▶ 전체 딱지 수: 267 장
▶ 사람 수: 8 명

식 세우기 (전체 딱지 수) ÷ (사람 수)
= 267 ÷ 8 = 33 … 3

답 구하기 한 명에게 줄 딱지 수: 33 장, 남는 딱지 수: 3 장

5 구슬 115개를 4명에게 똑같이 나누어 주면 한 명에게 몇 개씩 줄 수 있고, 몇 개가 남습니까?

문제 이해하기 ▶ 전체 구슬 수: 115 개
▶ 사람 수: 4 명

식 세우기 (전체 구슬 수) ÷ (사람 수)
= 115 ÷ 4 = 28 … 3

답 구하기 한 명에게 줄 구슬 수: 28 개
남는 구슬 수: 3 개

6 연필 한 타는 12자루입니다. 연필이 8타와 10자루 있습니다. 이 연필을 5명에게 똑같이 나누어 주면 한 명에게 몇 자루씩 줄 수 있고, 몇 자루가 남습니까?

문제 이해하기 ▶ 연필 한 타는 12 자루이므로
(8타의 연필 수) = 12 × 8 = 96
➡ (전체 연필 수) = 96 + 10 = 106
▶ 사람 수: 5 명

식 세우기 (전체 연필 수) ÷ (사람 수)
= 106 ÷ 5 = 21 … 1

답 구하기 한 명에게 줄 연필 수: 21 자루
남는 연필 수: 1 자루

113

재미있는 수학 놀이터

누리의 사촌 동생들

할아버지 생신을 맞아 누리네 집에 온 가족이 모였어요. 최근 2, 3년 사이에 고모들이 각각 결혼하고 아기를 낳아 누리는 어린 사촌 동생이 셋이나 됩니다. 어른들의 대화를 잘 듣고, 사촌 동생들이 태어난 지 몇 주 며칠 되었는지 계산하여 써 보세요.

> 우리 가온이는 오늘 태어난 지 딱 300일째야.

> 효은이가 가온이보다 100일 먼저 태어났구나. 유빈이는 어떻게 되지?

> 유빈이는 효은이보다 5주 늦게 태어났어.

가온 | 효은 | 유빈

42주 6일 | 57주 1일 | 52주 1일

300÷7=42 … 6

효은이가 태어난 지 400일째

➡ 400÷7=57 … 1

```
  57주 1일
-    5주
  52주 1일
```

114

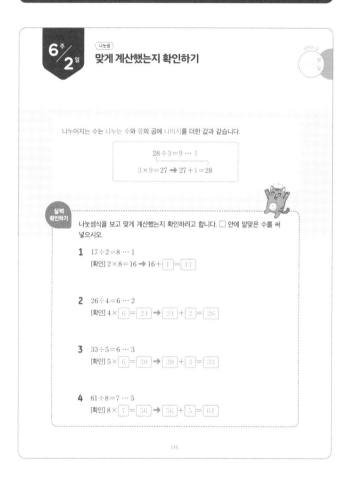

6주 2일

나눗셈

맞게 계산했는지 확인하기

나누어지는 수는 나누는 수와 몫의 곱에 나머지를 더한 값과 같습니다.

$$28 \div 3 = 9 \cdots 1$$
$$3 \times 9 = 27 \rightarrow 27 + 1 = 28$$

실력 확인하기

나눗셈식을 보고 맞게 계산했는지 확인하려고 합니다. □ 안에 알맞은 수를 써 넣으시오.

1 $17 \div 2 = 8 \cdots 1$
[확인] $2 \times 8 = 16 \rightarrow 16 + \boxed{1} = \boxed{17}$

2 $26 \div 4 = 6 \cdots 2$
[확인] $4 \times \boxed{6} = \boxed{24} \rightarrow \boxed{24} + 2 = \boxed{26}$

3 $33 \div 5 = 6 \cdots 3$
[확인] $5 \times \boxed{6} = \boxed{30} \rightarrow \boxed{30} + 3 = \boxed{33}$

4 $61 \div 8 = 7 \cdots 5$
[확인] $8 \times \boxed{7} = \boxed{56} \rightarrow \boxed{56} + 5 = \boxed{61}$

115

1 어떤 나눗셈을 계산하고 계산 결과가 맞는지 확인한 식이 보기와 같습니다. 계산한 나눗셈식을 쓰고 몫과 나머지를 구하시오. (단, 나누는 수는 한 자리 수입니다.)

보기
$$4 \times 24 = 96 \rightarrow 96 + 1 = 97$$

문제 이해하기 나누어지는 수는 (나누는 수)×(몫)에 나머지를 더한 값과 같습니다.
→ 나누는 수: $\boxed{4}$, 몫: $\boxed{24}$, 나머지: $\boxed{1}$, 나누어지는 수: $\boxed{97}$

구하기 나눗셈식: $\boxed{97 \div 4 = 24 \cdots 1}$, 몫: $\boxed{24}$, 나머지: $\boxed{1}$

2 어떤 나눗셈을 계산하고 계산 결과가 맞는지 확인한 식이 보기와 같습니다. 계산한 나눗셈식을 쓰고 몫과 나머지를 구하시오. (단, 나누는 수는 한 자리 수입니다.)

보기
$$5 \times 13 = 65 \rightarrow 65 + 4 = 69$$

문제 이해하기 나누어지는 수는 (나누는 수)×(몫)에 나머지를 더한 값과 같습니다.
→ 나누는 수: $\boxed{5}$, 몫: $\boxed{13}$, 나머지: $\boxed{4}$, 나누어지는 수: $\boxed{69}$

구하기 나눗셈식: $\boxed{69 \div 13 = 13 \cdots 4}$
몫: $\boxed{13}$, 나머지: $\boxed{4}$

3 (두 자리 수)÷(한 자리 수)의 나눗셈을 하고 맞게 계산했는지 확인한 식이 보기와 같습니다. 계산한 나눗셈식을 쓰고 몫과 나머지를 구하시오.

보기
$$3 \times 26 = ㉠ \rightarrow ㉠ + 2 = ㉡$$

식 세우기 $3 \times 26 = \boxed{78}$
→ $\boxed{78} + 2 = \boxed{80}$ 이므로
나누는 수: $\boxed{3}$, 몫: $\boxed{26}$
나머지: $\boxed{2}$, 나누어지는 수: $\boxed{80}$

구하기 나눗셈식: $\boxed{80 \div 3 = 26 \cdots 2}$
몫: $\boxed{26}$, 나머지: $\boxed{2}$

116

4 어떤 수를 8로 나누었더니 몫이 12, 나머지가 2가 되었습니다. 어떤 수는 얼마입니까?

문제 이해하기 나누는 수는 $\boxed{8}$, 몫은 $\boxed{12}$, 나머지는 $\boxed{2}$ 입니다.

식 세우기 나눗셈식을 만들어 보면
(어떤 수)$\div \boxed{8} = \boxed{12} \cdots \boxed{2}$
어떤 수는 (나누는 수)×(몫)에 나머지를 더한 값이므로
(나누는 수)×(몫)$= \boxed{8} \times \boxed{12} = \boxed{96}$
→ (어떤 수)$= \boxed{96} + \boxed{2} = \boxed{98}$

(어떤 수가 나누어지는 수야)

구하기 $\boxed{98}$

5 어떤 수를 4로 나누었더니 몫이 8, 나머지가 3이 되었습니다. 어떤 수는 얼마입니까?

문제 이해하기 나누는 수는 $\boxed{4}$, 몫은 $\boxed{8}$, 나머지는 $\boxed{3}$ 입니다.

식 세우기 나눗셈식을 만들어 보면
(어떤 수)$\div \boxed{4} = \boxed{8} \cdots \boxed{3}$
어떤 수는 (나누는 수)×(몫)에 나머지를 더한 값과 같으므로
(나누는 수)×(몫)$= \boxed{4} \times \boxed{8} = \boxed{32}$
→ (어떤 수)$= \boxed{32} + \boxed{3} = \boxed{35}$

구하기 $\boxed{35}$

6 79를 어떤 수로 나누었더니 몫이 9, 나머지가 7이 되었습니다. 어떤 수는 얼마입니까?

문제 이해하기 나누어지는 수는 $\boxed{79}$, 몫은 $\boxed{9}$, 나머지는 $\boxed{7}$ 입니다.

식 세우기 나눗셈식을 만들어 보면
$\boxed{79} \div$ (어떤 수)$= \boxed{9} \cdots \boxed{7}$
(나누는 수)×(몫)은 나누어지는 수에서 나머지를 뺀 값과 같으므로
(어떤 수)$\times \boxed{9} = \boxed{79} - \boxed{7}$
(어떤 수)$\times \boxed{9} = \boxed{72}$
→ (어떤 수)$= \boxed{8}$

구하기 $\boxed{8}$

117

재미있는 수학 놀이터

당첨 번호를 찾아라

대한이네 동네에 새로 생긴 마트에서 개업 기념으로 일주일마다 한 번씩 추첨을 해서 선물을 주어요. 그런데 당첨 번호 네 개에는 일정한 규칙이 있어요. 이 규칙을 찾아 빈칸에 들어갈 당첨 번호를 써 보세요.

	9월 당첨 번호				10월 당첨 번호			
첫째 주	11	2	5	1	345	6	57	3
둘째 주	24	5	4	4	538	8	67	2
셋째 주	114	4	28	2	672	5	134	2
넷째 주	458	3	152	2	508	9	56	4

네 수를 ■, ▲, ●, ★ 이라고 하면
■는 ▲×●에 ★을 더한 값과 같습니다.

118

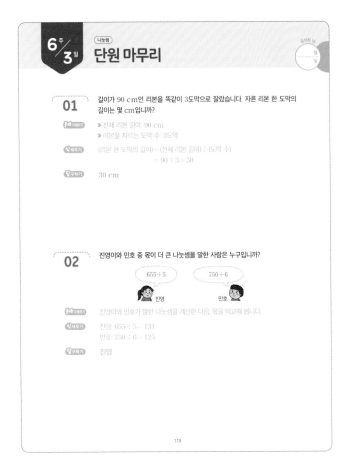

6주 3일 단원 마무리

01 길이가 90 cm인 리본을 똑같이 3도막으로 잘랐습니다. 자른 리본 한 도막의 길이는 몇 cm입니까?

문제 이해하기
▶ 전체 리본 길이: 90 cm
▶ 리본을 자르는 도막 수: 3도막

식 세우기
(리본 한 도막의 길이) = (전체 리본 길이) ÷ (도막 수)
= 90 ÷ 3 = 30

구하기
30 cm

02 진영이와 민호 중 몫이 더 큰 나눗셈을 말한 사람은 누구입니까?

655 ÷ 5 진영
750 ÷ 6 민호

문제 이해하기
진영이와 민호가 말한 나눗셈을 계산한 다음, 몫을 비교해 봅니다.

식 세우기
진영: 655 ÷ 5 = 131
민호: 750 ÷ 6 = 125

구하기
진영

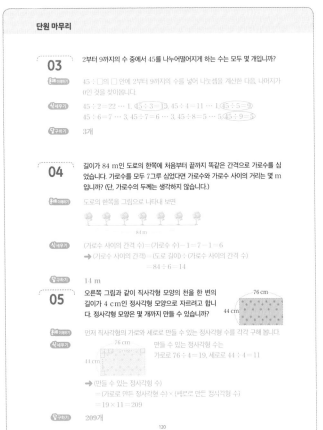

단원 마무리

03 2부터 9까지의 수 중에서 45를 나누어떨어지게 하는 수는 모두 몇 개입니까?

문제 이해하기
45 ÷ □의 □ 안에 2부터 9까지의 수를 넣어 나눗셈을 계산한 다음, 나머지가 0인 것을 찾아봅니다.

식 세우기
45 ÷ 2 = 22 … 1, 45 ÷ 3 = 15, 45 ÷ 4 = 11 … 1, 45 ÷ 5 = 9
45 ÷ 6 = 7 … 3, 45 ÷ 7 = 6 … 3, 45 ÷ 8 = 5 … 5, 45 ÷ 9 = 5

구하기
3개

04 길이가 84 m인 도로의 한쪽에 처음부터 끝까지 똑같은 간격으로 가로수를 심었습니다. 가로수를 모두 7그루 심었다면 가로수와 가로수 사이의 거리는 몇 m입니까? (단, 가로수의 두께는 생각하지 않습니다.)

문제 이해하기
도로의 한쪽을 그림으로 나타내 보면

84 m

식 세우기
(가로수 사이의 간격 수) = (가로수 수) − 1 = 7 − 1 = 6
➡ (가로수 사이의 간격) = (도로 길이) ÷ (가로수 사이의 간격 수)
= 84 ÷ 6 = 14

구하기
14 m

05 오른쪽 그림과 같이 직사각형 모양의 천을 한 변의 길이가 4 cm인 정사각형 모양으로 자르려고 합니다. 정사각형 모양은 몇 개까지 만들 수 있습니까?

76 cm
44 cm

문제 이해하기
먼저 직사각형의 가로와 세로로 만들 수 있는 정사각형 수를 각각 구해 봅니다.

식 세우기
76 cm
44 cm
만들 수 있는 정사각형 수는
가로 76 ÷ 4 = 19, 세로 44 ÷ 4 = 11
➡ (만들 수 있는 정사각형 수)
= (가로로 만든 정사각형 수) × (세로로 만든 정사각형 수)
= 19 × 11 = 209

구하기
209개

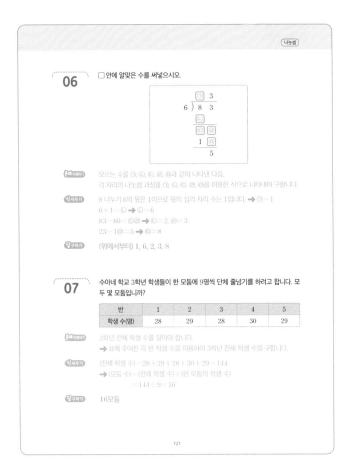

나눗셈

06 □ 안에 알맞은 수를 써넣으시오.

```
        ㉠ 3
   6 ) 8 3
      ㉡
      ㉢ ㉣
      1 ㉤
        5
```

문제 이해하기
모르는 수를 ㉠, ㉡, ㉢, ㉣, ㉤과 같이 나타낸 다음, 각 자리의 나눗셈 과정을 ㉠, ㉡, ㉢, ㉣, ㉤을 이용한 식으로 나타내어 구합니다.

식 세우기
8 나누기 6의 몫은 1이므로 몫의 십의 자리 수는 1입니다. ➡ ㉠ = 1
6 × 1 = ㉡ ➡ ㉡ = 6
83 − 60 = ㉢㉣ ➡ ㉢ = 2, ㉣ = 3
23 − 1㉤ = 5 ➡ ㉤ = 8

구하기
(위에서부터) 1, 6, 2, 3, 8

07 수아네 학교 3학년 학생들이 한 모둠에 9명씩 단체 줄넘기를 하려고 합니다. 모두 몇 모둠입니까?

반	1	2	3	4	5
학생 수(명)	28	29	28	30	29

문제 이해하기
3학년 전체 학생 수를 알아야 합니다.
➡ 표에 주어진 각 반 학생 수를 이용하여 3학년 전체 학생 수를 구합니다.

식 세우기
(전체 학생 수) = 28 + 29 + 28 + 30 + 29 = 144
➡ (모둠 수) = (전체 학생 수) ÷ (한 모둠의 학생 수)
= 144 ÷ 9 = 16

구하기
16모둠

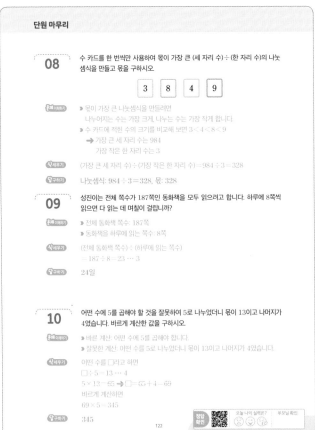

단원 마무리

08 수 카드를 한 번씩만 사용하여 몫이 가장 큰 (세 자리 수) ÷ (한 자리 수)의 나눗셈식을 만들고 몫을 구하시오.

3 8 4 9

문제 이해하기
▶ 몫이 가장 큰 나눗셈식을 만들려면 나누어지는 수는 가장 크게 나누는 수는 가장 작게 합니다.
▶ 수 카드에 적힌 수의 크기를 비교해 보면 3 < 4 < 8 < 9
➡ 가장 큰 세 자리 수는 984
가장 작은 한 자리 수는 3

식 세우기
(가장 큰 세 자리 수) ÷ (가장 작은 한 자리 수) = 984 ÷ 3 = 328

구하기
나눗셈식: 984 ÷ 3 = 328, 몫: 328

09 성진이는 전체 쪽수가 187쪽인 동화책을 모두 읽으려고 합니다. 하루에 8쪽씩 읽으면 다 읽는 데 며칠이 걸립니까?

문제 이해하기
▶ 전체 동화책 쪽수: 187쪽
▶ 동화책을 하루에 읽는 쪽수: 8쪽

식 세우기
(전체 동화책 쪽수) ÷ (하루에 읽는 쪽수)
= 187 ÷ 8 = 23 … 3

구하기
24일

10 어떤 수에 5를 곱해야 할 것을 잘못하여 5로 나누었더니 몫이 13이고 나머지가 4였습니다. 바르게 계산한 값을 구하시오.

문제 이해하기
▶ 바른 계산: 어떤 수에 5를 곱해야 합니다.
▶ 잘못한 계산: 어떤 수를 5로 나누었더니 몫이 13이고 나머지가 4였습니다.

식 세우기
어떤 수를 □라고 하면
□ ÷ 5 = 13 … 4
5 × 13 = 65 ➡ □ = 65 + 4 = 69
바르게 계산하면
69 × 5 = 345

구하기
345

28

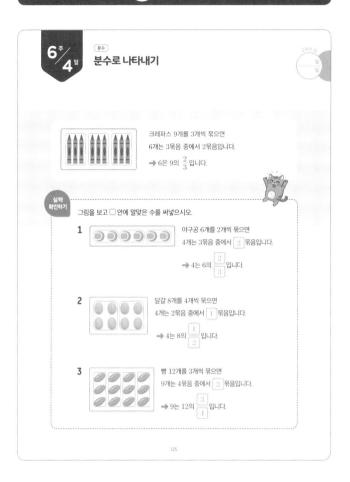

6주 4일 분수로 나타내기

크레파스 9개를 3개씩 묶으면 6개는 3묶음 중에서 2묶음입니다.
→ 6은 9의 $\frac{2}{3}$ 입니다.

실력 확인하기

그림을 보고 □ 안에 알맞은 수를 써넣으시오.

1 야구공 6개를 2개씩 묶으면 4개는 3묶음 중에서 2묶음입니다.
→ 4는 6의 $\frac{2}{3}$ 입니다.

2 달걀 8개를 4개씩 묶으면 4개는 2묶음 중에서 1묶음입니다.
→ 4는 8의 $\frac{1}{2}$ 입니다.

3 빵 12개를 3개씩 묶으면 9개는 4묶음 중에서 3묶음입니다.
→ 9는 12의 $\frac{3}{4}$ 입니다.

125

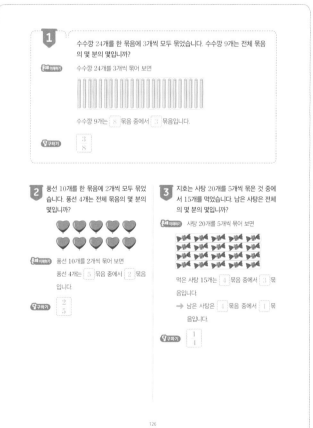

1 수수깡 24개를 한 묶음에 3개씩 모두 묶었습니다. 수수깡 9개는 전체 묶음의 몇 분의 몇입니까?

문제 이해하기 수수깡 24개를 3개씩 묶어 보면

수수깡 9개는 8 묶음 중에서 3 묶음입니다.

구하기 $\frac{3}{8}$

2 풍선 10개를 한 묶음에 2개씩 모두 묶었습니다. 풍선 4개는 전체 묶음의 몇 분의 몇입니까?

문제 이해하기 풍선 10개를 2개씩 묶어 보면
풍선 4개는 5 묶음 중에서 2 묶음입니다.

구하기 $\frac{2}{5}$

3 지호는 사탕 20개를 5개씩 묶은 것 중에서 15개를 먹었습니다. 남은 사탕은 전체의 몇 분의 몇입니까?

문제 이해하기 사탕 20개를 5개씩 묶어 보면

먹은 사탕 15개는 4 묶음 중에서 3 묶음입니다.
→ 남은 사탕은 4 묶음 중에서 1 묶음입니다.

구하기 $\frac{1}{4}$

126

4 지우개를 5개씩 묶으면 10은 20의 ㉠이고 10개씩 묶으면 10은 20의 ㉡입니다. ㉠과 ㉡에 알맞은 분수를 각각 구하시오.

문제 이해하기 ▶ 지우개는 전체 20 개입니다.

❶ 지우개를 5개씩 묶어 보면

지우개 10개는 4 묶음 중에서 2 묶음입니다.

❷ 지우개를 10개씩 묶어 보면

지우개 10개는 2 묶음 중에서 1 묶음입니다.

구하기 ㉠ = $\frac{2}{4}$, ㉡ = $\frac{1}{2}$

5 우유를 2개씩 묶으면 8은 12의 ㉠이고 4개씩 묶으면 8은 12의 ㉡입니다. ㉠과 ㉡에 알맞은 분수를 각각 구하시오.

문제 이해하기 ▶ 우유는 전체 12 개입니다.

❶ 우유를 2개씩 묶어 보면 우유 8개는
6 묶음 중에서 4 묶음입니다.

❷ 우유를 4개씩 묶어 보면 우유 8개는
3 묶음 중에서 2 묶음입니다.

구하기 ㉠ = $\frac{4}{6}$, ㉡ = $\frac{2}{3}$

6 18과 36을 각각 6씩 묶을 때 □ 안에 알맞은 수가 더 큰 것의 기호를 쓰시오.

㉠ 12는 18의 $\frac{2}{□}$ 입니다.
㉡ 24는 36의 $\frac{□}{6}$ 입니다.

문제 이해하기 ㉠ 18을 6씩 묶어 보면 12는
3 묶음 중에서 2 묶음입니다. → $\frac{2}{3}$

㉡ 36을 6씩 묶어 보면 24는
6 묶음 중에서 4 묶음입니다. → $\frac{4}{6}$

구하기 ㉡

127

수학 놀이터 비밀번호를 찾아라!

민호가 놀이터에 보물 상자 하나를 숨겨 두었어요. 그런데 보물 상자의 비밀번호를 잊어버려서 보물 상자를 열 수가 없대요. 마침 이때를 대비하여 남겨 둔 쪽지가 생각났어요. 쪽지를 보고 보물 상자를 열 수 있는 비밀번호를 써 보세요.

①, ②, ③에 알맞은 수가 바로 비밀번호!

• 36을 3씩 묶으면 15는 36의 $\frac{①}{12}$ 입니다.

• 36을 4씩 묶으면 16은 36의 $\frac{②}{9}$ 입니다.

• 36을 6씩 묶으면 18은 36의 $\frac{③}{6}$ 입니다.

비밀번호는 ① ② ③ 5 4 3 이구나!

128

29

6/5일 (분수) 분수만큼은 얼마인지 알아보기 ❶

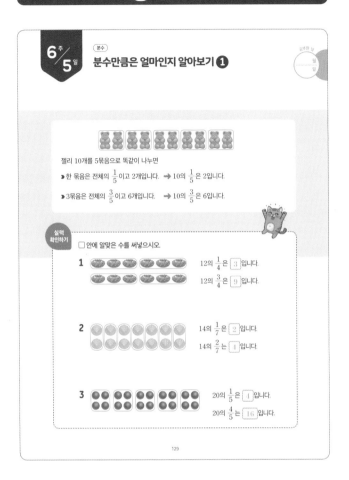

젤리 10개를 5묶음으로 똑같이 나누면
▶ 한 묶음은 전체의 $\frac{1}{5}$이고 2개입니다. → 10의 $\frac{1}{5}$은 2입니다.
▶ 3묶음은 전체의 $\frac{3}{5}$이고 6개입니다. → 10의 $\frac{3}{5}$은 6입니다.

실력 확인하기

□ 안에 알맞은 수를 써넣으시오.

1 12의 $\frac{1}{4}$은 3 입니다.
12의 $\frac{3}{4}$은 9 입니다.

2 14의 $\frac{1}{7}$은 2 입니다.
14의 $\frac{2}{7}$은 4 입니다.

3 20의 $\frac{1}{5}$은 4 입니다.
20의 $\frac{4}{5}$는 16 입니다.

129

---

1 색연필이 24자루 있습니다. 이 중에서 $\frac{3}{4}$은 빨간색입니다. 빨간색 색연필은 몇 자루입니까?

문제 이해하기 빨간색 색연필 수: 색연필 24 자루의 $\frac{3}{4}$

→ 색연필 24자루를 4묶음으로 똑같이 나누어 보면

한 묶음은 6 자루입니다.

색연필의 $\frac{3}{4}$은 4묶음 중에서 3묶음...?

답 구하기 18 자루

2 딱지가 15장 있습니다. 이 중에서 $\frac{1}{5}$을 친구에게 주었습니다. 친구에게 준 딱지는 몇 장입니까?

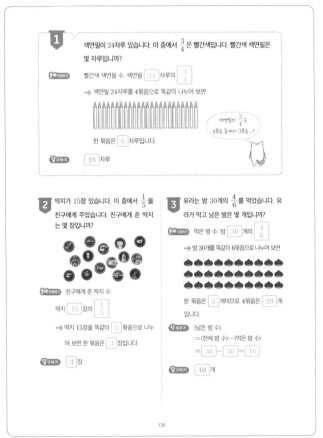

문제 이해하기 친구에게 준 딱지 수:
딱지 15 장의 $\frac{1}{5}$

→ 딱지 15장을 똑같이 5 묶음으로 나누어 보면 한 묶음은 3 장입니다.

답 구하기 3 장

3 유라는 밤 30개의 $\frac{4}{6}$을 먹었습니다. 유라가 먹고 남은 밤은 몇 개입니까?

문제 이해하기 먹은 밤 수: 밤 30 개의 $\frac{4}{6}$

→ 밤 30개를 똑같이 6묶음으로 나누어 보면

한 묶음은 5 개이므로 4묶음은 20 개입니다.

식 세우기 (남은 밤 수)
=(전체 밤 수)-(먹은 밤 수)
= 30 - 20 = 10

답 구하기 10 개

130

---

4 한쪽 벽의 길이가 16 m인 사육장이 있습니다. 한쪽 벽의 길이의 $\frac{5}{8}$만큼 새장을 만들었습니다. 새장의 길이는 몇 m입니까?

문제 이해하기 새장의 길이: 벽의 길이 16 m의 $\frac{5}{8}$

→ 벽의 길이 16 m를 8부분으로 똑같이 나누어 보면

벽의 길이의 $\frac{5}{8}$ 만큼은 8부분 중에서 5부분...?

한 부분의 길이는 2 m입니다.

답 구하기 10 m

5 한쪽 벽의 길이가 35 m인 건물이 있습니다. 한쪽 벽의 길이의 $\frac{3}{7}$만큼 화단을 만들었습니다. 화단의 길이는 몇 m입니까?

문제 이해하기 화단의 길이:
벽의 길이 35 m의 $\frac{3}{7}$

→ 벽의 길이 35 m를 7 부분으로 똑같이 나누어 보면 한 부분의 길이는 5 m 입니다.

답 구하기 15 m

6 수진이는 길이가 18 cm인 색 테이프의 $\frac{1}{3}$만큼 사용했습니다. 수진이가 사용하고 남은 색 테이프의 길이는 몇 cm입니까?

문제 이해하기 사용한 색 테이프 길이:
색 테이프 18 cm의 $\frac{1}{3}$

→ 색 테이프의 길이 18 cm를 3부분으로 똑같이 나눈 다음, $\frac{1}{3}$ 만큼 색칠해 보면

한 부분의 길이는 6 cm입니다.

식 세우기 (남은 색 테이프 길이)
=(전체 색 테이프 길이)
-(사용한 색 테이프 길이)
= 18 - 6 = 12

답 구하기 12 cm

131

재미있는 수학 놀이터 / 팀 짜기

수아네 반에서는 줄다리기와 박 터트리기 경기에 참여할 선수를 뽑고 있어요. 수아네 반이 24명일 때 각 경기에 참여할 선수를 몇 명씩 더 뽑아야 하는지 쓰세요. 단, 한 종목에 참여하는 사람은 다른 종목에 참여할 수 없습니다.

132

7주 1일 분수
분수만큼은 얼마인지 알아보기 ❷

1 조건에 맞게 나만의 규칙을 만들어 색칠하시오.

노란색: 20의 $\frac{2}{5}$
초록색: 20의 $\frac{3}{5}$

문제 이해하기
✿ 모양 20개를 똑같이 5묶음으로 나누어 보면
한 묶음은 4 개이므로 2묶음은 8, 3묶음은 12

구하기

2 조건에 맞게 나만의 규칙을 만들어 색칠하시오.

분홍색: 27의 $\frac{5}{9}$
주황색: 27의 $\frac{4}{9}$

문제 이해하기
모양 27개를 똑같이 9묶음으로 나누어 보면
한 묶음은 3개이므로 5묶음은 15, 4묶음은 12

구하기

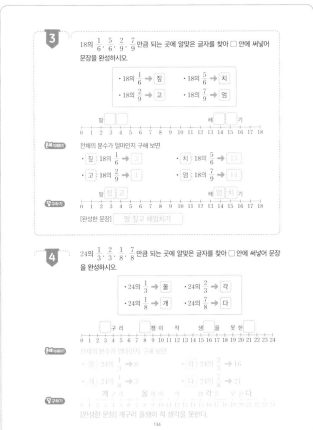

3 18의 $\frac{1}{6}$, $\frac{5}{6}$, $\frac{2}{9}$, $\frac{7}{9}$ 만큼 되는 곳에 알맞은 글자를 찾아 □ 안에 써넣어 문장을 완성하시오.

- 18의 $\frac{1}{6}$ → 짚
- 18의 $\frac{5}{6}$ → 치
- 18의 $\frac{2}{9}$ → 고
- 18의 $\frac{7}{9}$ → 임

땅 [ ] 헤 [ ] 기
0 1 2 3 4 5 6 7 8 9 10 11 12 13 14 15 16 17 18

문제 이해하기
전체의 분수가 얼마인지 구해 보면
- 짚: 18의 $\frac{1}{6}$ → 3
- 치: 18의 $\frac{5}{6}$ → 15
- 고: 18의 $\frac{2}{9}$ → 4
- 임: 18의 $\frac{7}{9}$ → 14

땅 짚 고   헤 임 치 기
0 1 2 3 4 5 6 7 8 9 10 11 12 13 14 15 16 17 18

구하기
[완성한 문장] 땅 짚고 헤엄치기

4 24의 $\frac{1}{3}$, $\frac{2}{3}$, $\frac{1}{8}$, $\frac{7}{8}$ 만큼 되는 곳에 알맞은 글자를 찾아 □ 안에 써넣어 문장을 완성하시오.

- 24의 $\frac{1}{3}$ → 올
- 24의 $\frac{2}{3}$ → 각
- 24의 $\frac{1}{8}$ → 개
- 24의 $\frac{7}{8}$ → 다

구 리   쟁 이 적   생   을 못 한
0 1 2 3 4 5 6 7 8 9 10 11 12 13 14 15 16 17 18 19 20 21 22 23 24

문제 이해하기
전체의 분수가 얼마인지 구해 보면
- 올: 24의 $\frac{1}{3}$ → 8
- 각: 24의 $\frac{2}{3}$ → 16
- 개: 24의 $\frac{1}{8}$ → 3
- 다: 24의 $\frac{7}{8}$ → 21

개 구 리   올 챙 이 적   생각   을 못 한다
0 1 2 3 4 5 6 7 8 9 10 11 12 13 14 15 16 17 18 19 20 21 22 23 24

구하기
[완성한 문장] 개구리 올챙이 적 생각을 못한다

5 정훈이는 1시간의 $\frac{3}{4}$ 만큼 축구를 했습니다. 축구를 한 시간은 몇 분입니까?

문제 이해하기
1시간은 60 분입니다.
→ 60 을 4부분으로 똑같이 나누어 보면

한 부분의 시간은 15 분
→ 1시간의 $\frac{3}{4}$ 만큼은 1시간을 4부분으로 나눈 것 중에서 3 부분

구하기 15 분

6 수진이는 1시간의 $\frac{2}{3}$ 만큼 소설책을 읽었습니다. 소설책을 읽은 시간은 몇 분입니까?

문제 이해하기
1시간은 60분입니다.
→ 60을 3부분으로 똑같이 나누어 보면

한 부분의 시간은 20분
→ 1시간의 $\frac{2}{3}$ 만큼은 1시간을 3부분으로 나눈 것 중에서 2부분

구하기 10분

친구들이 먹은 케이크는?

재미있는 **수학 놀이터**

전체가 320 g인 케이크가 10등분 되어 있습니다. 이 케이크를 먹을 때에는 앞의 사람이 먹은 것보다 2조각 더 먹을 수 있다고 합니다. 세 명의 친구들이 먹은 케이크는 모두 몇 g인지 쓰고, 먹은 케이크 조각을 색칠해 보세요.

- 320의 $\frac{1}{10}$ 은 32
- (세 명이 먹은 케이크 조각 수)
  = 1 + 3 + 5 = 9
→ (세 명이 먹은 케이크 무게)
  = 32 × 9 = 288

내가 제일 먼저 1조각를 먹을게.

우리 셋이 먹은 케이크는 모두 288 g이겠구나.

7주/2일 (분수) 여러 가지 분수 ❶

▶ 진분수: $\frac{1}{4}$, $\frac{2}{4}$, $\frac{3}{4}$과 같이 분자가 분모보다 **작은** 분수

▶ 가분수: $\frac{4}{4}$, $\frac{5}{4}$, $\frac{6}{4}$과 같이 분자가 분모와 **같거나** 분모보다 **큰** 분수

▶ 자연수: 1, 2, 3과 같은 수

▶ 대분수: $1\frac{3}{4}$과 같이 자연수와 진분수로 이루어진 분수

→ 대분수를 가분수로 나타내기

$$1\frac{3}{4} \Rightarrow \frac{4}{4}와 \frac{3}{4} \Rightarrow \frac{7}{4}$$

→ 가분수를 대분수로 나타내기

$$\frac{7}{4} \Rightarrow \frac{4}{4}와 \frac{3}{4} \Rightarrow 1\frac{3}{4}$$

실력 확인하기

대분수는 가분수로, 가분수는 대분수로 나타내시오.

1 $1\frac{1}{2} = \frac{3}{2}$

2 $2\frac{2}{3} = \frac{8}{3}$

3 $3\frac{1}{5} = \frac{16}{5}$

4 $5\frac{3}{4} = \frac{23}{5}$

5 $\frac{4}{3} = 1\frac{1}{3}$

6 $\frac{5}{2} = 2\frac{1}{2}$

7 $\frac{15}{4} = 3\frac{3}{4}$

8 $\frac{14}{5} = 2\frac{4}{5}$

137

---

1 보기 중에서 분모와 분자의 합이 12인 진분수를 찾아 쓰시오.

보기
$\frac{7}{5}$ $\frac{3}{12}$ $\frac{8}{3}$ $\frac{1}{11}$

문제 이해하기 보기 중에서 분모와 분자의 합이 12인 분수는

$\frac{7}{5}$ $\frac{1}{11}$

→ 이 중에서 분자가 분모보다 (큰 , 작은) 분수를 찾아봅니다.   진분수는...?

답구하기 $\frac{1}{11}$

2 보기 중에서 분모와 분자의 차가 5인 진분수를 찾아 쓰시오.

보기
$\frac{11}{6}$ $\frac{3}{10}$ $\frac{2}{7}$ $\frac{9}{5}$

문제 이해하기 보기 중에서 분모와 분자의 차가 5인 분수는

$\frac{11}{6}$ $\frac{2}{7}$

→ 이 중에서 분자가 분모보다 (큰 , 작은) 분수를 찾아봅니다.

답구하기 $\frac{2}{7}$

3 보기 중에서 분모와 분자의 합이 17인 가분수를 찾아 쓰시오.

보기
$\frac{4}{13}$ $\frac{6}{10}$ $\frac{9}{8}$ $\frac{2}{15}$

문제 이해하기 보기 중에서 분모와 분자의 합이 17인 분수는

$\frac{4}{13}$ $\frac{9}{8}$ $\frac{2}{15}$

→ 이 중에서 분자가 분모보다 (큰 , 작은) 분수를 찾아봅니다.

답구하기 $\frac{9}{8}$

138

---

4 예주는 우유를 매일 $\frac{1}{5}$ 컵씩 마십니다. 예주가 3주 동안 매일 우유를 마셨다면 모두 몇 컵을 마신 것인지 대분수로 나타내시오.

문제 이해하기 ▶ 매일 마신 우유 양: $\frac{1}{5}$ 컵

▶ 우유를 마신 날수: 3주 = 21 일

→ 예주가 3주 동안 마신 우유의 양은 $\frac{21}{5}$ 컵

답구하기 $4\frac{1}{5}$ 컵

5 준혁이는 두유를 매일 $\frac{1}{3}$ 컵씩 마십니다. 준혁이가 2주 동안 매일 두유를 마셨다면 모두 몇 컵을 마신 것인지 대분수로 나타내시오.

문제 이해하기 ▶ 매일 마신 두유 양: $\frac{1}{3}$ 컵

▶ 두유를 마신 날수: 2주 = 14 일

→ 준혁이가 2주 동안 마신 두유의 양은 $\frac{14}{3}$ 컵

답구하기 $4\frac{2}{3}$ 컵

6 자연수 부분이 3이고 진분수 부분이 $\frac{3}{4}$인 대분수가 있습니다. 이 대분수를 가분수로 나타내면 얼마입니까?

문제 이해하기 자연수 부분이 3이고 진분수 부분이 $\frac{3}{4}$인 대분수는 $3\frac{3}{4}$

답구하기 $\frac{15}{4}$

139

재미있는 수학 놀이터

남은 김밥은?

운동회 연습을 하고 나서 미래와 친구들은 맛나 김밥집에 갔어요. 배가 너무 고팠던 친구들이 김밥을 6줄이나 시켰습니다. 맛나 김밥집 김밥은 모두 동일한 크기로 8조각씩 잘라져 있어요. 친구들이 먹고 남은 김밥의 양을 알맞게 표현한 친구를 모두 찾아 ○표 해 보세요.

남은 김밥 4조각
남은 김밥 7조각
남은 김밥 6조각

남은 김밥을 가분수로 나타내면 $\frac{17}{8}$ 이야.

남은 김밥을 대분수로 나타내면 $2\frac{1}{8}$ 이야.

아니야, 남은 김밥을 가분수로 나타내면 $\frac{7}{8}$ 이야.

남은 김밥을 대분수로 나타내면 $1\frac{1}{8}$ 이야.

남은 김밥은 김밥 한 줄의 $\frac{1}{8}$ 의 17조각 → $\frac{17}{8}$, $2\frac{1}{8}$

140

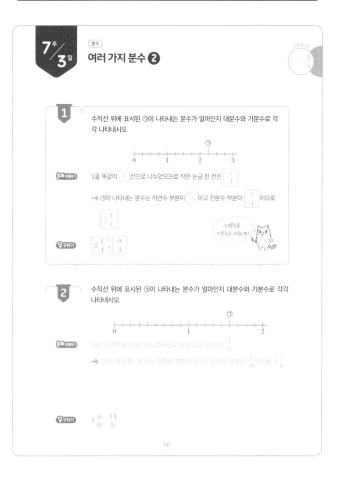

7주 3일 분수

여러 가지 분수 ❷

1 수직선 위에 표시된 ㉠이 나타내는 분수가 얼마인지 대분수와 가분수로 각각 나타내시오.

문제 이해하기
1을 똑같이 ☐ 칸으로 나누었으므로 작은 눈금 한 칸은 $\frac{1}{☐}$

➡ ㉠이 나타내는 분수는 자연수 부분이 2 이고 진분수 부분이 $\frac{☐}{☐}$ 이므로

$2\frac{☐}{☐}$

구하기 $2\frac{☐}{☐}$, $\frac{9}{☐}$

2 수직선 위에 표시된 ㉠이 나타내는 분수가 얼마인지 대분수와 가분수로 각각 나타내시오.

문제 이해하기
1을 똑같이 6칸으로 나누었으므로 작은 눈금 한 칸은 $\frac{1}{☐}$

➡ ㉠이 나타내는 분수는 자연수 부분이 1이고 진분수 부분이 $\frac{5}{9}$이므로 $1\frac{5}{9}$

구하기 $1\frac{5}{9}$, $\frac{11}{9}$

141

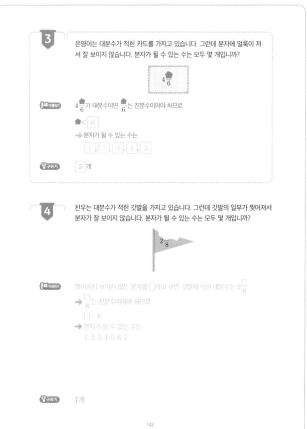

3 은영이는 대분수가 적힌 카드를 가지고 있습니다. 그런데 분자에 얼룩이 져서 잘 보이지 않습니다. 분자가 될 수 있는 수는 모두 몇 개입니까?

$4\frac{☐}{6}$

문제 이해하기
$4\frac{☐}{6}$가 대분수이면 $\frac{☐}{6}$는 진분수이어야 하므로

☐ < 6

➡ 분자가 될 수 있는 수는

1 2 3 4 5

구하기 5 개

4 찬우는 대분수가 적힌 깃발을 가지고 있습니다. 그런데 깃발의 일부가 찢어져서 분자가 잘 보이지 않습니다. 분자가 될 수 있는 수는 모두 몇 개입니까?

$2\frac{☐}{8}$

문제 이해하기
찢어져서 보이지 않는 분자를 ☐라고 하면 깃발에 적힌 대분수는 $2\frac{☐}{8}$

➡ $\frac{☐}{8}$는 진분수이어야 하므로

☐ < 8

➡ 분자가 될 수 있는 수는

1, 2, 3, 4, 5, 6, 7

구하기 7개

142

5 수 카드 3장을 보고 물음에 답하시오.

5 2 7

(1) 수 카드 2장을 골라 만들 수 있는 가분수를 모두 쓰시오.
(2) (1)에서 구한 가분수를 대분수로 나타내시오.

문제 이해하기
(1) ●/■가 가분수이면 '● = ■ 또는 ● > ■'

➡ 수 카드 2장을 골라 만들 수 있는 가분수 중에서

분모가 2인 경우는 $\frac{5}{2}$, $\frac{7}{2}$

분모가 5인 경우는 $\frac{7}{5}$

7보다 큰 수 카드는 없으므로 분모가 7인 가분수는 만들 수 없어.

구하기 (1) $\frac{5}{2}$, $\frac{7}{2}$, $\frac{7}{5}$ (2) $2\frac{1}{2}$, $3\frac{1}{2}$, $1\frac{2}{5}$

6 수 카드 3장을 보고 물음에 답하시오.

6 7 4

(1) 수 카드 2장을 골라 만들 수 있는 가분수를 모두 쓰시오.
(2) (1)에서 구한 가분수를 대분수로 나타내시오.

문제 이해하기
(1) ●/■가 가분수이면 ● = ■ 또는 ● > ■

➡ 수 카드 2장을 골라 만들 수 있는 가분수 중에서

분모가 4인 경우는 $\frac{6}{4}$, $\frac{7}{4}$

분모가 6인 경우는 $\frac{7}{6}$

구하기 (1) $\frac{6}{4}$, $\frac{7}{4}$, $\frac{7}{6}$ (2) $1\frac{2}{4}$, $1\frac{3}{4}$, $1\frac{1}{6}$

143

재미있는 **수학놀이터**

짝을 찾아요

가면무도회가 열리고 있어요. 가면을 쓴 사람들이 손에 쪽지를 들고 짝을 찾고 있어요. 이 가면무도회에는 특별한 규칙이 있어요. 쪽지에 적힌 가분수를 대분수로, 대분수를 가분수로 나타냈을 때 값이 같은 사람끼리 짝이 된다는 것이지요. 서로의 짝을 찾아 선으로 이어 주세요.

$\frac{11}{1}$ $\frac{10}{2}$ $\frac{9}{3}$ $\frac{7}{4}$ $\frac{6}{6}$

• 가분수입니다.
• 분자와 분모의 합은 12입니다.
• 분자와 분모의 차는 2입니다.

$\frac{7}{5}$

• 대분수입니다.
• 분모는 3입니다.
• $2\frac{1}{3}$ 보다 크고 3보다 작습니다.

$2\frac{2}{3}$

$\frac{10}{1}$ $\frac{9}{2}$ $\frac{8}{3}$ $\frac{7}{4}$ $\frac{6}{5}$

• 가분수입니다.
• 분자와 분모의 합은 11입니다.
• 분자와 분모의 차는 5입니다.

$\frac{8}{3}$

• 대분수입니다.
• 분모는 5입니다.
• $\frac{6}{5}$ 보다 크고 $1\frac{3}{5}$ 보다 작습니다.
$= 1\frac{2}{5}$

$1\frac{2}{5}$

144

33

7주/4일 분수의 크기 비교 (분수)

❶ 분모가 같은 가분수는 분자의 크기가 큰 분수가 더 큽니다. → $\frac{5}{4} < \frac{7}{4}$

❷ 분모가 같은 대분수는

▶ 자연수의 크기가 큰 대분수가 더 큽니다. → $2\frac{1}{3} > 1\frac{2}{3}$

▶ 자연수의 크기가 같으면 분자의 크기가 큰 대분수가 더 큽니다. → $1\frac{2}{5} < 1\frac{4}{5}$

실력 확인하기

두 분수의 크기를 비교하여 ○ 안에 >, =, <를 써넣으시오.

1 $\frac{5}{2}$ ⟨<⟩ $\frac{7}{2}$

2 $\frac{9}{4}$ ⟨>⟩ $\frac{7}{4}$

3 $1\frac{3}{5}$ ⟨<⟩ $2\frac{1}{5}$

4 $3\frac{1}{4}$ ⟨>⟩ $1\frac{3}{4}$

5 $3\frac{1}{3}$ ⟨<⟩ $3\frac{2}{3}$

6 $4\frac{3}{5}$ ⟨>⟩ $4\frac{2}{5}$

7 $\frac{22}{7}$ ⟨>⟩ $2\frac{5}{7}$

8 $\frac{31}{6}$ ⟨<⟩ $5\frac{5}{6}$

145

---

1 철민이는 $\frac{9}{5}$ 시간 동안 공부했고, 동수는 $\frac{11}{5}$ 시간 동안 공부했습니다. 더 오래 공부한 사람은 누구입니까?

문제 이해하기
▶ 철민이의 공부 시간: $\frac{9}{5}$ 시간

▶ 동수의 공부 시간: $\frac{11}{5}$ 시간

→ 분모가 같은 가분수는 분자가 (작을수록 , 클수록) 큰 수입니다.

구하기 [동수]

2 유린이는 블루베리 $2\frac{2}{5}$ 컵과 설탕 $1\frac{4}{5}$ 컵을 넣어 블루베리 잼을 만들었습니다. 블루베리와 설탕 중에서 더 많이 넣은 것은 무엇입니까?

문제 이해하기
▶ 블루베리 양: $2\frac{2}{5}$ 컵

▶ 설탕 양: $1\frac{4}{5}$ 컵

→ 분모가 같은 대분수는 자연수 부분이 (작을수록 , 클수록) 큰 수입니다.

구하기 [블루베리]

3 은영이가 가진 리본은 $4\frac{1}{3}$ m이고 태민이가 가진 리본은 $\frac{16}{3}$ m입니다. 리본이 더 긴 사람은 누구입니까?

문제 이해하기
▶ 은영이가 가진 리본: $4\frac{1}{3}$ m

▶ 태민이가 가진 리본: $\frac{16}{3}$ m

→ 가분수 $\frac{16}{3}$ 을 대분수로 나타내면 $5\frac{1}{3}$

구하기 [태민]

146

---

4 $1\frac{3}{8}$ 보다 크고 $2\frac{5}{8}$ 보다 작은 분수를 모두 찾아 쓰시오.

| $\frac{10}{8}$ | $1\frac{5}{8}$ | $\frac{17}{8}$ | $3\frac{1}{8}$ |

문제 이해하기
가분수를 대분수로 나타내 보면 $\frac{10}{8}$ = $1\frac{2}{8}$, $\frac{17}{8}$ = $2\frac{1}{8}$

→ 분수를 수직선에 나타내 보면

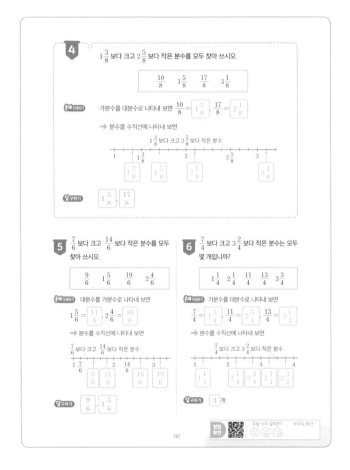

$1\frac{3}{8}$ 보다 크고 $2\frac{5}{8}$ 보다 작은 분수

구하기 [$1\frac{5}{8}$] [$\frac{17}{8}$]

5 $\frac{7}{6}$ 보다 크고 $\frac{14}{6}$ 보다 작은 분수를 모두 찾아 쓰시오.

| $\frac{9}{6}$ | $1\frac{5}{6}$ | $\frac{19}{6}$ | $2\frac{4}{6}$ |

문제 이해하기 대분수를 가분수로 나타내 보면

$1\frac{5}{6}$ = $\frac{11}{6}$, $2\frac{4}{6}$ = $\frac{16}{6}$

→ 분수를 수직선에 나타내 보면

$\frac{7}{6}$ 보다 크고 $\frac{14}{6}$ 보다 작은 분수

구하기 [$\frac{9}{6}$] [$1\frac{5}{6}$]

6 $\frac{7}{4}$ 보다 크고 $3\frac{2}{4}$ 보다 작은 분수는 모두 몇 개입니까?

| $1\frac{1}{4}$ | $2\frac{1}{4}$ | $\frac{11}{4}$ | $\frac{13}{4}$ | $3\frac{3}{4}$ |

문제 이해하기 가분수를 대분수로 나타내 보면

$\frac{7}{4}$ = $1\frac{3}{4}$, $\frac{11}{4}$ = $2\frac{3}{4}$, $\frac{13}{4}$ = $3\frac{1}{4}$

→ 분수를 수직선에 나타내 보면

$\frac{7}{4}$ 보다 크고 $3\frac{2}{4}$ 보다 작은 분수

구하기 [3] 개

147

재미있는 수학 놀이터 나의 차림을 맞춰 봐!

오늘 미래는 친구들과 공원에 모여 놀기로 했어요. 미래는 꼬리표에 적힌 두 분수 중에서 더 큰 분수에 해당하는 것을 선택하기로 했어요. 과연 미래는 어떤 차림을 하고 친구들을 만났을까요? 오늘 미래의 모습에 ○표 하세요.

7주 5일 단원 마무리

01 그림을 보고 □ 안에 알맞은 수를 구하시오.

15를 5씩 묶으면 □묶음이 됩니다.
10은 15의 □/□ 입니다.

구하기 $3, \frac{2}{3}$

02 정우가 오늘 먹은 간식들을 보고 물음에 답하시오.

우유	사과	도넛	피자
$\frac{5}{3}$컵	$\frac{3}{6}$개	$\frac{7}{7}$개	$\frac{1}{8}$판

(1) 먹은 양이 진분수인 간식은 무엇입니까?
(2) 먹은 양이 가분수인 간식은 무엇입니까?

구하기 (1) 사과, 피자 (2) 우유, 도넛

149

단원 마무리

03 은찬이가 딸기 21개를 3개씩 묶은 후 그중 12개를 먹었습니다. 남은 딸기는 전체의 얼마인지 분수로 나타내시오.

구하기 $\frac{3}{7}$

04 미소가 길이가 1 m인 철사를 준서와 똑같이 나누어 가진 후 그중 $\frac{4}{5}$를 미술 시간에 사용했습니다. 미소가 미술 시간에 사용한 철사의 길이는 몇 cm입니까?

구하기 40 cm

05 유진이는 주말농장에서 고구마를 캤습니다. 캔 고구마의 $\frac{3}{5}$을 상자에 담았더니 15개였습니다. 유진이가 주말농장에서 캔 고구마는 모두 몇 개입니까?

구하기 25개

150

---

06 $6\frac{\square}{9}$인 대분수 중 분자가 가장 큰 대분수를 가분수로 나타내시오.

구하기 $\frac{62}{9}$

07 다음과 같이 규칙에 따라 분수를 늘어놓았습니다. 10번째에 놓이는 분수를 대분수로 나타내시오.

$$\frac{2}{9}, \frac{3}{9}, \frac{4}{9}, \frac{5}{9}, \cdots\cdots$$

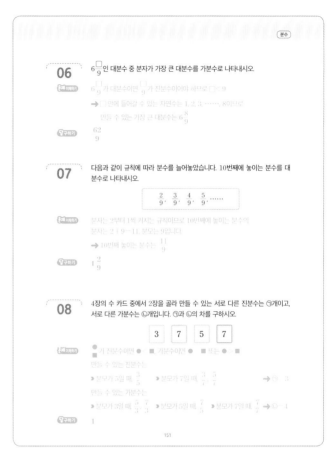

구하기 $1\frac{2}{9}$

08 4장의 수 카드 중에서 2장을 골라 만들 수 있는 서로 다른 진분수는 ㉠개이고, 서로 다른 가분수는 ㉡개입니다. ㉠과 ㉡의 차를 구하시오.

3	7	5	7

구하기 1

151

단원 마무리

09 두 분수의 크기를 비교하여 더 큰 분수를 □ 안에 써넣으시오.

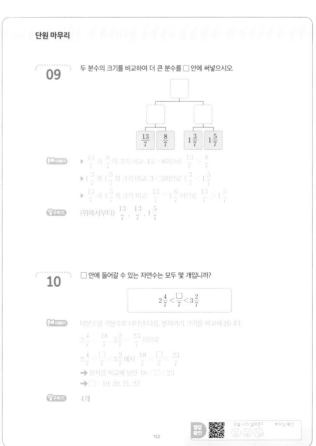

구하기 (위에서부터) $\frac{13}{7}, \frac{13}{7}, 1\frac{5}{7}$

10 □ 안에 들어갈 수 있는 자연수는 모두 몇 개입니까?

$$2\frac{4}{7} < \frac{\square}{7} < 3\frac{2}{7}$$

구하기 4개

152

8주/1일 들이와 무게 들이 알아보기 ❶

▶ 들이의 단위에는 리터와 밀리리터 등이 있습니다.
1 리터는 1 L, 1 밀리리터는 1 mL라고 씁니다.

$$1 \text{ L} = 1000 \text{ mL}$$

▶ 들이의 덧셈과 뺄셈을 계산할 때에는 **같은 단위끼리** 계산합니다.

L는 L끼리, mL는 mL끼리

```
    2 L  300 mL          4 L  500 mL
 +  1 L  400 mL       -  3 L  200 mL
 ───────────────      ───────────────
    3 L  700 mL          1 L  300 mL
```

실력 확인하기

들이의 합과 차를 구하시오.

1
```
    1 L  500 mL
 +  3 L  200 mL
 ───────────────
    4 L  700 mL
```

2
```
    4 L  100 mL
 +  2 L  300 mL
 ───────────────
    6 L  400 mL
```

3
```
    6 L  300 mL
 +  1 L  250 mL
 ───────────────
    7 L  550 mL
```

4
```
    3 L  700 mL
 -  1 L  300 mL
 ───────────────
    2 L  400 mL
```

5
```
    5 L  300 mL
 -  2 L  100 mL
 ───────────────
    3 L  200 mL
```

6
```
    9 L  670 mL
 -  4 L  520 mL
 ───────────────
    5 L  150 mL
```

155

---

1 가 물병과 나 물병에 물을 가득 채운 후 모양과 크기가 같은 그릇에 옮겨 담았습니다. □ 안에 알맞은 말이나 수를 써넣으시오.

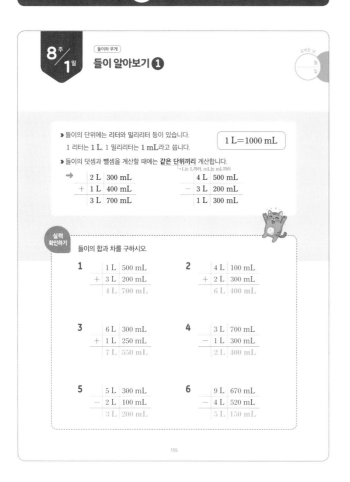

가 → (그릇 7개)   나 → (그릇 4개)

□물병이 □물병보다 그릇 □개만큼 물이 더 들어갑니다.

문제 이해하기 ▶ 옮겨 담은 그릇 수가 많을수록 들이가 (많습니다, 적습니다).
▶ 가 물병은 그릇 [7] 개만큼, 나 물병은 그릇 [4] 개만큼 물이 들어갑니다.

구하기 [가], [나], [3]

2 가 그릇과 나 그릇에 물을 가득 채운 후 모양과 크기가 같은 컵에 옮겨 담았습니다. □ 안에 알맞은 말이나 수를 써넣으시오.

가 → (컵 5개)
나 → (컵 3개)

□그릇이 □그릇보다 컵 □개만큼 물이 더 들어갑니다.

문제 이해하기 가 그릇은 컵 [5] 개만큼, 나 그릇은 컵 [3] 개만큼 물이 들어갑니다.

구하기 [가], [나], [2]

3 세 사람이 각자의 컵으로 똑같은 주전자에 물을 가득 채우려면 각각 다음과 같이 부어야 합니다. 누구의 컵의 들이가 가장 많습니까?

이름	우진	성민	지수
부은 횟수 (번)	6	4	9

문제 이해하기 ▶ 똑같은 주전자에 물을 부을 때, 부은 횟수가 적을수록 컵의 들이가 (많습니다, 적습니다).
▶ 세 사람의 부은 횟수를 비교해 보면
[4] < [6] < [9]

구하기 [성민]

156

---

4 들이가 가장 많은 것을 찾아 쓰시오.

오렌지 주스	물뿌리개	식용유
1200 mL	2 L 300 mL	1 L 800 mL

문제 이해하기 1000 mL = [1] L입니다.
→ 오렌지 주스의 들이 단위를 '몇 L 몇 mL'로 바꾸어 보면
1200 mL = [1] L [200] mL

구하기 [물뿌리개]

5 들이가 가장 적은 것을 찾아 쓰시오.

물병	로션	샴푸
1 L	260 mL	500 mL

문제 이해하기 물병의 들이 단위를 '몇 mL'로 바꾸어 보면
1 L = [1000] mL

구하기 [로션]

6 들이가 많은 것부터 순서대로 기호를 쓰시오.

㉠	㉡	㉢
3 L 800 mL	6500 mL	4 L

문제 이해하기 ㉡의 들이 단위를 '몇 L 몇 mL'로 바꾸어 보면
6500 mL = [6] L [500] mL

구하기 [㉡], [㉢], [㉠]

157

재미있는 수학 놀이터

필요한 양만큼의 물 떠 오기

태준이네 가족이 캠핑을 갔어요. 엄마는 고기를 굽고, 아빠는 라면을 끓이고, 누나는 밥을 짓기로 했어요. 그래서 태준이는 식수대에 가서 필요한 양만큼의 물을 떠 오려고 해요. 어떤 물병에 담아 왔을 때 사용한 후 가장 적은 양의 물이 남을까요? 단, 물병에 물을 가득 채워 와야 합니다.

라면 두 개를 끓이려면 1100 mL의 물이 필요해.

2인분의 밥을 지으려면 240 mL의 물이 있으면 돼.

점심을 먹고 우리 가족이 마실 물은 1 L면 된단다.

1500 mL + 700 mL = 2200 mL = 2 L 200 mL   2 L 300 mL   2 L 500 mL   2 L 700 mL

(필요한 물의 양) = 1100 mL + 240 mL + 1 L = 2 L 340 mL

158

36

8주 2일 (들이와 무게)
들이 알아보기 ❷

1 물통의 들이를 더 적절히 어림한 친구는 누구입니까?

실제 들이와 어림한 들이의 차이가 작을수록 가깝게 어림한 것입니다.
▶ 혜미: 물통에 500 mL 우유갑으로 1번, 200 mL 우유갑으로 2번 들어가면 물통의 들이는 약 900 mL입니다.
▶ 은영: 물통에 1 L 우유갑으로 3번쯤 들어가면 물통의 들이는 약 3 L입니다.

구하기 은영

2 냄비의 들이를 더 적절히 어림한 친구는 누구입니까?

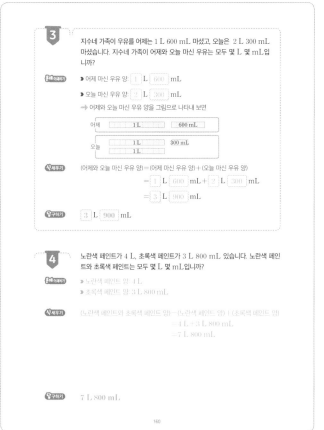

3 지수네 가족이 우유를 어제는 1 L 600 mL 마셨고, 오늘은 2 L 300 mL 마셨습니다. 지수네 가족이 어제와 오늘 마신 우유는 모두 몇 L 몇 mL입니까?

▶ 어제 마신 우유 양: 1 L 600 mL
▶ 오늘 마신 우유 양: 2 L 300 mL
➡ 어제와 오늘 마신 우유 양을 그림으로 나타내 보면

(어제와 오늘 마신 우유 양)=(어제 마신 우유 양)+(오늘 마신 우유 양)
= 1 L 600 mL + 2 L 300 mL
= 3 L 900 mL

구하기 3 L 900 mL

4 노란색 페인트가 4 L, 초록색 페인트가 3 L 800 mL 있습니다. 노란색 페인트와 초록색 페인트는 모두 몇 L 몇 mL입니까?

구하기 7 L 800 mL

5 오렌지 주스가 3 L 500 mL 있었습니다. 그중에서 1 L 400 mL를 마셨다면 남은 오렌지 주스는 몇 L 몇 mL입니까?

▶ 처음에 있던 오렌지 주스 양: 3 L 500 mL
▶ 마신 오렌지 주스 양: 1 L 400 mL
➡ 처음에 있던 오렌지 주스 양을 그림으로 나타냈을 때, 그림에서 마신 오렌지 주스 양 1 L 400 mL만큼 덜어내 보면

(남은 오렌지 주스 양)=(처음에 있던 오렌지 주스 양)-(마신 오렌지 주스 양)
= 3 L 500 mL - 1 L 400 mL
= 2 L 100 mL

구하기 2 L 100 mL

6 간장이 5 L 700 mL 있었는데 요리를 하는 데 2 L 300 mL를 사용했습니다. 남은 간장은 몇 L 몇 mL입니까?

▶ 처음에 있던 간장 양: 5 L 700 mL
▶ 요리를 하는 데 사용한 간장 양: 2 L 300 mL
(남은 간장 양)=(처음에 있던 간장 양)-(사용한 간장 양)
= 5 L 700 mL - 2 L 300 mL
= 3 L 400 mL

구하기 3 L 100 mL.

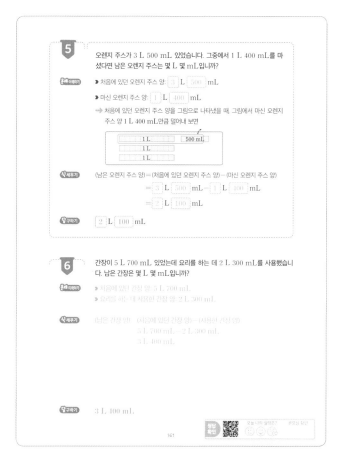

재미있는 수학 놀이터

얼마만큼 남았을까요?

이곳은 생과일주스를 파는 곳입니다. 이곳은 손님들이 마시고 싶은 주스를 원하는 양만큼 가져갈 수 있어요. 가게에 준비되어 있는 투명컵에는 300 mL의 주스가 들어가요. 오늘도 아침에 네 명의 손님이 다녀갔어요. 손님들이 다녀간 뒤에 가장 적게 남아 있는 주스에 ○표 하세요.

8주 / 3일

(돌이와 무게)

무게 알아보기 ❶

▶ 무게의 단위에는 킬로그램과 그램 등이 있습니다.
1 킬로그램은 1 kg, 1 그램은 1 g이라고 씁니다.

$$1 \text{ kg} = 1000 \text{ g}$$

▶ 1000 kg의 무게를 1 t이라 쓰고
1 톤이라 읽습니다.

$$1 \text{ t} = 1000 \text{ kg}$$

▶ 무게의 덧셈과 뺄셈을 계산할 때에는 **같은 단위끼리** 계산합니다.

→ kg은 kg끼리, g은 g끼리

	1 kg	300 g		5 kg	900 g
+	2 kg	400 g	−	3 kg	400 g
	3 kg	700 g		2 kg	500 g

실력 확인하기

무게의 합과 차를 구하시오.

1
	1 kg	500 g
+	2 kg	400 g
	3 kg	900 g

2
	3 kg	100 g
+	3 kg	600 g
	6 kg	700 g

3
	5 kg	350 g
+	4 kg	250 g
	9 kg	600 g

4
	3 kg	400 g
−	1 kg	300 g
	2 kg	100 g

5
	5 kg	700 g
−	2 kg	200 g
	3 kg	500 g

6
	8 kg	600 g
−	7 kg	400 g
	1 kg	200 g

163

---

4 단위가 바르지 않은 문장을 찾아 바르게 고치시오.

- 무 한 개의 무게는 약 900 kg입니다.
- 3 kg 200 g은 3200 g입니다.

(문제 이해하기) • 1 kg은 설탕 한 봉지의 무게이므로
무 한 개의 무게로 약 900 kg은
(적절합니다 , 적절하지 않습니다).

설탕 1kg

• 1 kg= 1000 g이므로 3 kg 200 g은 3200 g입니다.

(답 구하기) 무 한 개의 무게는 약 900 g입니다.

5 단위가 바르지 않은 문장을 찾아 바르게 고치시오.

- 축구공의 무게는 약 450 g입니다.
- 4 t 40 kg은 4400 kg입니다.

(문제 이해하기) • 1 kg은 설탕 한 봉지의 무게이므로
축구공의 무게로 약 450 g은
(적절합니다 , 적절하지 않습니다).

• 1 t= 1000 kg이므로
4 t 40 kg은 4040 kg입니다.

(답 구하기) 4 t 40 kg은 4040 kg입니다.

6 단위를 바르지 않게 말한 친구를 모두 찾아 쓰고, 바르게 고치시오.

민우: 양배추 한 통의 무게는 약 2 t이야.
서진: 7 kg 200 g은 7200 g이야.
정현: 5 t은 5000 kg이야.

(문제 이해하기) ▶ 민우: 1 t은 1 t 트럭에 실을 수 있는
무게이므로

1t 트럭

양배추 한 통의 무게로 2 t은
(적절합니다 , 적절하지 않습니다).

▶ 서진: 7 kg 200 g은 7200 g입니다.

▶ 정현: 5 t은 5000 kg입니다.

(답 구하기) 민우 정현

양배추 한 통의 무게는 약 2 kg입니다.
5 t은 5000 kg입니다.

(정답확인) 오늘 나의 실력은? 부모님 확인

165

1 저울과 바둑돌로 연필과 지우개 중 어느 것이 얼마나 더 무거운지 알아보시오.

바둑돌 8개   바둑돌 12개

☐ 가 ☐ 보다 바둑돌 ☐ 개만큼 더 무겁습니다.

(문제 이해하기) ▶ (연필 무게)=(바둑돌 8 개의 무게)

▶ (지우개 무게)=(바둑돌 12 개의 무게)

(답 구하기) 지우개 연필 4

2 저울과 바둑돌로 딸기와 호두 중 어느 것이 얼마나 더 무거운지 알아보시오.

바둑돌 5개   바둑돌 3개

☐ 가 ☐ 보다 바둑돌 ☐ 개만큼 더 무겁습니다.

(문제 이해하기) ▶ (딸기 무게)
=(바둑돌 5 개의 무게)

▶ (호두 무게)
=(바둑돌 3 개의 무게)

(답 구하기) 딸기 호두 2

3 저울과 100원짜리 동전으로 숟가락과 포크 중 어느 것이 얼마나 더 가벼운지 알아보시오.

100원짜리 동전 15개   100원짜리 동전 12개

☐ 가 ☐ 보다 100원짜리 동전 ☐ 개만큼 더 가볍습니다.

(문제 이해하기) ▶ (숟가락 무게)
=(100원짜리 동전 15 개의 무게)

▶ (포크 무게)
=(100원짜리 동전 12 개의 무게)

(답 구하기) 포크 숟가락 3

164

재미있는 수학 놀이터

엘리베이터 타기

숲속 동물 친구들이 서울 구경을 왔어요. 전망대에 올라가 서울의 야경을 내려다 보려고 합니다. 동물 친구들은 혼자서 엘리베이터 타는 것을 무서워해요. 그래서 넷이 모두 함께 엘리베이터를 타려고 해요. 어떤 엘리베이터를 탈 수 있는지 찾아 ○표 하세요.

1번 — 전체 합이 2 kg을 넘으면 안 됩니다!
2번 — 전체 합이 3 kg을 넘으면 안 됩니다!
3번 — 전체 합이 4 kg을 넘으면 안 됩니다!

나는 너희들보다 덩치가 커서 2 kg 150 g이야.

내 몸무게는 345 g이고, 동생의 몸무게는 265 g이야.

나는 1065 g이야. = 1 kg 65 g

(몸무게의 합)=345 g + 265 g + 1 kg 65 g + 2 kg 150 g = 3 kg 825 g

166

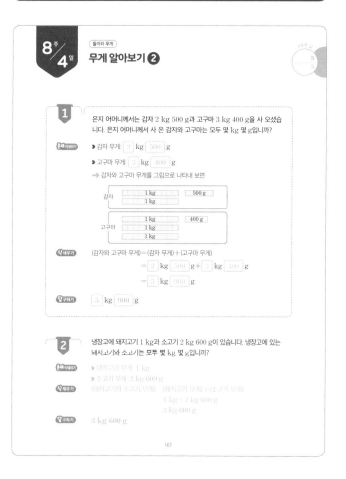

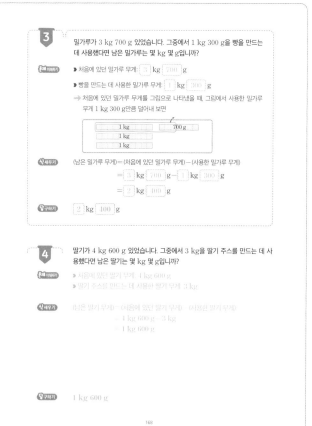

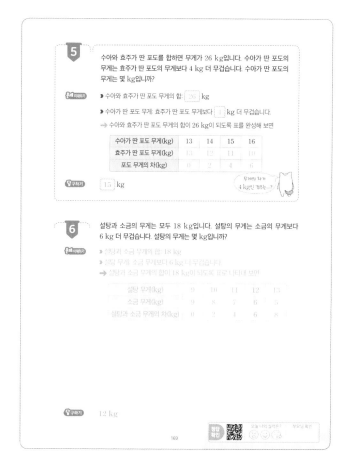

39

8주 5일 단원 마무리

공부한 날
월
일

01 들이의 단위를 잘못 사용한 친구는 누구입니까?

은서: 음료수 캔의 들이는 약 180 mL야.

준영: 수족관의 들이는 약 800 L야.

찬성: 머그 컵의 들이는 약 250 L야.

문제 이해하기 1 L의 양을 그림으로 나타내 보면

10 cm 10 cm 10 cm → 1 L

➡ [찬성] 250 L는 1 L의 250배가 되는 많은 양이므로
머그 컵의 들이로는 적절하지 않습니다.
머그 컵의 들이는 약 250 mL가 적절합니다.

구하기 찬성

02 무게가 같은 참외 4개를 저울에 올려놓고 무게를 재었더니 그림과 같았습니다. 참외 4개의 무게는 몇 kg 몇 g입니까?

~1500
1400
1300 g

문제 이해하기 저울의 눈금이 가리키는 무게를 읽어 보면
(참외 4개 무게)=1400 g=1 kg 400 g

구하기 1 kg 400 g

단원 마무리

03 수조와 양동이에 물을 가득 채우려면 ㉮ 컵과 ㉯ 컵으로 각각 다음과 같이 부어야 합니다. 바르게 이야기한 친구는 누구입니까?

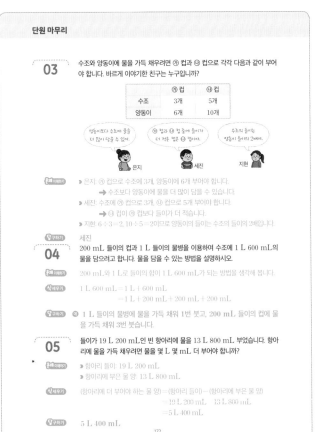

	㉮ 컵	㉯ 컵
수조	3개	5개
양동이	6개	10개

은지: 양동이보다 수조에 물을 더 많이 담을 수 있어.

세진: ㉮ 컵과 ㉯ 컵의 들이가 더 적은 컵은 ㉮ 컵이야.

지현: 수조의 들이는 양동이 들이의 2배야.

문제 이해하기
▸ 은지: ㉮ 컵으로 수조에 3개, 양동이에 6개 부어야 합니다.
➡ 수조보다 양동이에 물을 더 많이 담을 수 있습니다.
▸ 세진: 수조에 ㉮ 컵으로 3개, ㉯ 컵으로 5개 부어야 합니다.
➡ ㉮ 컵이 ㉯ 컵보다 들이가 더 적습니다.
▸ 지현: 6÷3=2, 10÷5=2이므로 양동이의 들이는 수조의 들이의 2배입니다.

구하기 세진

04 200 mL 들이의 컵과 1 L 들이의 물병을 이용하여 수조에 1 L 600 mL의 물을 담으려고 합니다. 물을 담을 수 있는 방법을 설명하시오.

문제 이해하기 200 mL와 1 L로 들이의 합이 1 L 600 mL가 되는 방법을 생각해 봅니다.

식 세우기 1 L 600 mL=1 L + 600 mL
=1 L + 200 mL + 200 mL + 200 mL

구하기 ⑩ 1 L 들이의 물병에 물을 가득 채워 1번 붓고, 200 mL 들이의 컵에 물을 가득 채워 3번 붓습니다.

05 들이가 19 L 200 mL인 빈 항아리에 물을 13 L 800 mL 부었습니다. 항아리에 물을 가득 채우려면 물을 몇 L 몇 mL 더 부어야 합니까?

문제 이해하기
▸ 항아리 들이: 19 L 200 mL
▸ 항아리에 부은 물 양: 13 L 800 mL

식 세우기 (항아리에 더 부어야 하는 물 양)=(항아리 들이)-(항아리에 부은 물 양)
=19 L 200 mL - 13 L 800 mL
=5 L 400 mL

구하기 5 L 400 mL

---

06 포도 주스 1병은 값이 3000원이고 양이 1 L 400 mL입니다. 사과 주스 1병은 값이 1500원이고 양이 600 mL입니다. 3000원으로 더 많은 양의 주스를 사는 방법은 무엇입니까?

문제 이해하기 3000원으로 포도 주스는 1병을 살 수 있고, 사과 주스는 2병을 살 수 있습니다.
➡ 포도 주스 1병과 사과 주스 2병의 양을 비교해 봅니다.

식 세우기 (사과 주스 2병의 양)=600 mL + 600 mL
=1 L 200 mL

구하기 포도 주스 1병을 삽니다.

07 배추, 당근, 가지의 무게를 다음과 같이 비교했습니다. 1개의 무게가 무거운 순서대로 쓰시오.

문제 이해하기
▸ 배추 1개 무게는 당근 1개 무게의 2배입니다.
▸ 당근 1개 무게는 가지 1개 무게의 3배입니다.
➡ 배추 1개 무게는 가지 1개 무게의 6배입니다.

구하기 배추, 당근, 가지

08 주영이의 몸무게는 37 kg 700 g입니다. 민아의 몸무게는 주영이의 몸무게보다 5 kg 500 g 더 무겁습니다. 민아의 몸무게는 몇 kg 몇 g입니까?

문제 이해하기
▸ 주영이의 몸무게: 37 kg 700 g
▸ 민아의 몸무게: 주영이의 몸무게보다 5 kg 500 g 더 무겁습니다.

식 세우기 (민아의 몸무게)=(주영이의 몸무게)+(더 무거운 몸무게)
=37 kg 700 g + 5 kg 500 g
=43 kg 200 g

구하기 43 kg 200 g

단원 마무리

09 다음은 연수가 장바구니에 담은 물건의 무게입니다. 연수가 담은 물건의 무게를 이용하여 무게의 뺄셈 문제를 만들고 답을 구하시오.

물건	무게
호박	800 g
버섯	400 g
닭고기	2 kg 100 g
양파	1 kg 900 g

문제 이해하기 수의 차이를 구하거나 덜어내고 남은 양을 구하는 경우는 뺄셈 문제입니다.
➡ 장바구니에서 두 물건을 고른 후, 물건의 무게의 차이를 구하는 문제를 만들어 봅니다.

구하기 ⑩ 문제: 양파는 버섯보다 얼마나 더 무겁습니까?
답: 1 kg 500 g

10 다음은 하루네 마을 세 가구의 쌀 수확량입니다. 수확한 쌀을 모두 보관하려면 4 t까지 보관할 수 있는 창고가 적어도 몇 채 필요한지 구하시오.

가구 이름	하루네	아영이네	하오네
수확량(kg)	3840	2700	3460

문제 이해하기 필요한 창고 수를 구하려면 전체 쌀 수확량을 알아야 합니다.
➡ 표에 주어진 가구별 쌀 수확량을 이용하여
하루네 마을 세 가구의 전체 쌀 수확량을 구합니다.

식 세우기 (하루네 세 가구의 쌀 수확량)
=(하루네 쌀 수확량)+(아영이네 쌀 수확량)+(하오네 쌀 수확량)
=3840+2700+3460=10000(kg)=10(t)
➡ 10÷4=2 … 2
쌀 10 t을 4 t씩 창고 2채에 보관하면 2 t이 남습니다.

남은 량도 깜박
보관해야 해!

구하기 3채

오늘 나의 실력은?
😊 😐 😞

부모님 확인

40

초등 수학 완전 정복 프로젝트

구 성 1~6학년 학기별 [12책]
콘셉트 교과서에 따른 수·연산·도형·측정까지 연산력을 향상하는
　　　　연산 기본서
키워드 기본 연산력 다지기

구 성 1~6학년 학기별 [12책]
콘셉트 문장제부터 창의·사고력 문제까지 수학적 역량을 키우는
　　　　연산 응용서
키워드 연산 응용력 키우기

구 성 3~6학년 단계별 [분수 2책, 소수 2책]
콘셉트 분수·소수의 개념과 연산 원리를 익히고 연산력을 키우는
　　　　쏙셈 영역 학습서
키워드 분수·소수 집중 훈련하기

구 성 1~6학년 학기별 [12책]
콘셉트 8가지 문제 해결 전략을 익히며 문장제와 서술형을 정복하는
　　　　상위권 학습서
키워드 문장제 해결력 강화하기

문해길 심화

구 성 1~6학년 학년별 [6책]
콘셉트 고난도 유형 해결 전략을 익히며 최고 수준에 도전하는
　　　　최상위권 학습서
키워드 고난도 유형 해결력 완성하기

www.mirae-n.com

학습하다가 이해되지 않는 부분이나 정오표 등의 궁금한 사항이 있나요?
미래엔 홈페이지에서 해결해 드립니다.

교재 내용 문의
1:1 문의 | 수학 과외쌤 | 자주하는 질문

교재 자료 및 정답
동영상 강의 | 쌍둥이 문제 | 정답과 해설 | 정오표

No.1 New Network
http://cafe.naver.com/mathmap

함께해요!
바른 공부법 캠페인

궁금해요!
교재 질문 & 학습 고민 타파

공부해요!
미래엔 에듀 초·중등 교재

참여해요!
선물이 마구 쏟아지는 이벤트

		초등학교
학년	반	이름

초등학교에서 탄탄하게 닦아 놓은
공부력이 중·고등 학습의 실력을 가릅니다.

하루한장 쏙셈

쏙셈 시작편
초등학교 입학 전 연산 시작하기
[2책] 수 세기, 셈하기

쏙셈
교과서에 따른 수·연산·도형·측정까지 계산력 향상하기
[12책] 1~6학년 학기별

쏙셈+플러스
문장제 문제부터 창의·사고력 문제까지 수학 역량 키우기
[12책] 1~6학년 학기별

쏙셈 분수·소수
3~6학년 분수·소수의 개념과 연산 원리를 집중 훈련하기
[분수 2책, 소수 2책] 3~6학년 학년군별

하루한장 한국사

큰별★쌤 최태성의 한국사
최태성 선생님의 재미있는 강의와 시각 자료로
역사의 흐름과 사건을 이해하기
[3책] 3~6학년 시대별

하루한장 한자

그림 연상 한자로 교과서 어휘를 익히고 급수 시험까지 대비하기
[4책] 1~2학년 학기별

하루한장 급수 한자

하루한장 한자 학습법으로 한자 급수 시험 완벽하게 대비하기
[3책] 8급, 7급, 6급

하루한장 ENGLISH BITE

ENGLISH BITE 알파벳 쓰기
알파벳을 보고 듣고 따라쓰며 읽기·쓰기 한 번에 끝내기
[1책]

ENGLISH BITE 파닉스
자음과 모음 결합 과정의 발음 규칙 학습으로
영어 단어 읽기 완성
[2책] 자음과 모음, 이중자음과 이중모음

ENGLISH BITE 사이트 워드
192개 사이트 워드 학습으로 리딩 자신감 키우기
[2책] 단계별

ENGLISH BITE 영문법
문법 개념 확인 영상과 함께 영문법 기초 실력 다지기
[Starter 2책 , Basic 2책] 3~6학년 단계별

ENGLISH BITE 영단어
초등 영어 교육과정의 학년별 필수 영단어를
다양한 활동으로 익히기
[4책] 3~6학년 단계별

초등 교과서 발행사 미래엔의
교재로 초등 시기에 길러야 하는
공부력을 강화해 주세요.

"문제 해결의 길잡이"와 함께 문제 해결 전략을 익히며 수학 사고력을 향상시켜요!

초등 수학 상위권 진입을 위한 "문제 해결의 길잡이" 비법 전략 4가지

비법 전략 1 문제 분석을 통한 수학 독해력 향상

문제에서 구하고자 하는 것과 주어진 조건을 찾아내는 훈련으로 수학 독해력을 키웁니다.

비법 전략 2 해결 전략 집중 학습으로 수학적 사고력 향상

문해길에서 제시하는 8가지 문제 해결 전략을 익히고 적용하는 과정을 집중 연습함으로써 수학적 사고력을 키웁니다.

비법 전략 3 문장제 유형 정복으로 고난도 수학 자신감 향상

문장제 및 서술형 유형을 풀이하는 연습을 반복적으로 함으로써 어려운 문제도 흔들림 없이 해결하는 자신감을 키웁니다.

비법 전략 4 스스로 학습이 가능한 문제 풀이 동영상 제공

해결 전략에 따라 단계별로 문제를 풀이하는 동영상 제공으로 자기 주도 학습 능력을 키웁니다.